후쿠오카 팽 스톡(pain stock)의

장시간 발효 빵

후쿠오카 팽 스톡(pain stock)의

장시간 발효 빵

2021년 4월 19일 초판 1쇄 인쇄
2021년 4월 26일 초판 1쇄 발행

지은이 히라야마 데쓰오
옮긴이 황세정
감수 임태언
펴낸이 정상석
책임편집 엄진영
디자인 김희연
펴낸 곳 터닝포인트(www.diytp.com)
등록번호 제2005-000285호
주소 (03991) 서울시 마포구 동교로27길 53 지남빌딩 308호
대표 전화 (02)332-7646
팩스 (02)3142-7646
ISBN 979-11-6134-089-0(13590)
정가 26,000원
내용 및 집필 문의 diamat@naver.com

터닝포인트는 삶에 긍정적 변화를 가져오는 좋은 원고를 환영합니다.
이 책에 수록된 모든 내용, 사진이나 일러스트 자료, 부록 소스 코드 등을 출판권자의
허락없이 복재, 배포하는 행위는 저작권법에 위반됩니다.

Pain

후쿠오카 팽 스톡 (pain stock)의

장시간 발효 빵

stock

지은이 히라야마 데쓰오 | 옮긴이 황세정 | 감수 임태언

터닝
포인트

Chapter 2

과일과 견과류가
들어간 팽 스톡에
나오는 빵들

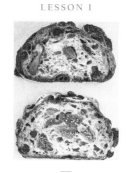

Chapter 3

바게트에 대한 생각
-두 가지 바게트- 에
나오는 빵들

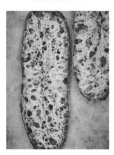
Chapter 4

손 반죽으로 만드는
무성형 빵에
나오는 빵들

Chapter 5
전분×pH로
생각하는 빵에
나오는 빵들

Chapter 6

**팽 스톡의
식빵에
나오는 빵들**

Chapter 7

**데니시
페이스트리에
나오는 빵들**

Chapter 8

팽 스톡
올스타즈에
나오는 빵들

명란 프랑스

미니 명란 프랑스

어린이용
명란 프랑스

파티시에르 드 팽 스톡

키빗크

레장 홍차크림빵
프리미엄 홍차크림빵

통팥빵

호두 팥빵

멜론빵 파리고

레장 멜론빵

프리미엄 멜론빵
프리미엄 멜론빵 쇼콜라

유기농
시나몬 롤

롤빵

초콜릿 루스티크

러브 쇼콜라

근채 피타
닭고기와 채소 피타

토마토와 치즈를 넣은
코코넛 카레 빵

소고기 볼살이 들어간
카레 빵

이탈리아의 은총

소시지와 치즈

홀 그레인 머스터드와
굵게 간 돼지고기 소시지

베이컨 에피

장봉(jambon) 소시지와
바질 소스

안초비 올리브

햄과 치즈를 넣은
감자 푸가스(fougasse)

감자와 치즈

토마토와 치즈

바삭바삭 치즈

단호박과
크림치즈

소시지와 붉은 양배추
마리네이드를 넣은 파이

비프스튜 파이

베샤멜소스와
로스햄을 넣은 파이

애플 데니시

햄과 토마토,
치즈를 넣은 데니시

캐러멜 너트 퀸아망
애플 퀸아망

말차와 사과

몽블랑

Contents

Chapter 1

'팽 스톡'
만드는 법

팽 스톡
올스타즈

Column

【촬영】 Shinya Kawakami / Sachi Monji

【표지·목차 일러스트】 Tetsuo Hirayama

【디자인】 Yumiko Fujita / Susumu Fujita

【1장 감수】 Akihito Fujimoto

【교정】 Jun Kuroki

【편집협력】 Kohei Kato / Kentaro Takeuchi

【편집】 Ryoko Sakane

머리말

저는 위낙 책을 좋아하다 보니 빵에 대한 책을 닥치는 대로 읽는 편입니다. 그러다 보니 언젠가는 꼭 한번 책을 쓰고 싶었습니다.

이 책은 저희들이 '팽 스톡'에서 만들고 있는 빵과 빵집 주인으로 살고 있는 저의 일상적인 생각을 담고 있습니다.

'팽 스톡'을 연 지 이제 곧 십 년이 됩니다.

지난 십 년간 참 많은 사람들을 만났습니다. 새로운 재료나 제빵 기술에 눈을 뜬 적도 있었고, 빵이 제 생각대로 잘 구워지질 않아 고민한 적도 있었습니다. 그런 나날을 거치면서 제가 구운 빵과 저희 가게 모두 차츰 발전을 거듭한 결과, 지금의 모습을 갖추게 되었습니다.

저희 가게의 빵에는 저마다 추억이 담겨 있습니다. 빵을 함께 만든 직원의 모습이나 빵을 굽게 된 사연 등 각각의 빵에 얽힌 추억이 저의 뇌리에 깊이 박혀 있습니다.

제게 빵은 인생과도 같습니다. 그러니 이 책은 어찌 보면 제 인생을 담은 책이라고 말할 수 있습니다.

부디 이 책이 빵을 좋아하시는 분들뿐만 아니라, 평소에 빵에 관심이 없으신 분들의 마음에도 들었으면 하는 바람입니다. 즐겁게 읽어 주신다면 감사하겠습니다.

'팽 스톡'
히라야마 데쓰오(平山哲生)

'팽 스톡'의 기본 방침은
'어느 것 하나 허투루 하지 않고 정성을 다해'
맛있는 빵을 굽는 것

평생 빵을 만들며 살아가기 위해

'팽 스톡'은 2010년 7월, 후쿠오카 시내에 위치한 하코자키(箱崎)라는 주택가에 문을 열었다. JR 가고시마 본선 하코자키 역에서 도보로 10분 거리. 대로변에서 조금 떨어진 곳에 위치한 한적한 동네에 자리하고 있다.

가게를 열기로 마음먹었을 때부터 시내 중심가가 아닌, 주변에 나무와 고풍스러운 건물이 많은 곳을 찾아다녔다. 그러다 고즈넉하면서도 규슈 대학교 근처에 자리해 밝고 여유로운 분위기가 풍기는 이 동네를 발견하게 되었다.

개업 당시 가게 입구의 모습. 손으로 직접 쓴 표지판은 지금도 여전히 그 자리를 지키고 있다.

입구 정면에 위치한 진열대에 놓여 있는 호밀빵 '팽 스톡'. 레시피는 시간이 지나면서 조금씩 발전했지만, 빵은 이 사진을 찍은 개업 초기부터 늘 같은 자리에 진열해 두고 있다.

나만의 빵집을 열면서 앞으로 평생 빵집 주인으로 살자고 결심했다. 낮에는 비교적 한적한 편이었지만, 언젠가는 전국에서 찾아온 손님들이 길게 줄을 설 만한 빵집으로 키우겠다는 포부를 갖고 '팽 스톡'을 오픈했다.

그리고 장시간 발효시켜 만드는 큼지막한 호밀빵 '팽 스톡'을 대표 상품으로 삼았다. 도쿄에서조차 빵을 정말 좋아하는 소수의 사람들만이 먹을 법한 이런 비주류 빵을 지방의 한적한 동네에서 만들어 팔면 어떻게 될까. 이런 빵이 손님들의 식탁에 매일 오르고, 동네 아이들이 일상적으로 먹는 빵이 된다면 얼마나 통쾌할까. 그런 생각을 했다. 상상만 해도 즐거웠다. 그리고 이런 빵을 먹으며 자란 아이들이 성인이 되어 도쿄나 프랑스에 가서 빵을 먹었을 때, '어? 그러고 보니 우리 동네 빵집에도 이런 빵이 있었는데. 그런 작은 동네 빵집에서 어떻게 이런 빵을 만들어 팔 생각을 다 했지? 지금 생각해 보니 참 대단하네.'라고 생각해 주는 날이 오지 않을까. 가게를 열면서 그런 일이 일어나기를 꿈꿨다.

하지만 아무런 연고도 없는 지역에 덜컥 빵집을 열었다 보니 개업 초기에는 매출이 신통치 않아 통장 잔고가 점차 줄어들었다. '이러다 진짜 망하는 게 아닐까'하는 생각까지 든 적도 있었다. 하지만 '해 볼 수 있는 건 뭐든지 해 보자.'라는 생각으로 매일 팔고 남은 빵을 주위에 나눠 주었다. 인근 편의점과 자주 가던 단골 식당, 카페 등 머릿속에 떠오르는 곳을 죄다 돌아다니며 빵을 나눠 주었다. 그 당시에는 빵을 나눠 주는 일이 하루 일과가 되었을 정도였으니 돌이켜 생각해 보면 참 씁쓸한 기억이다. 하지만 잡지나 텔레비전에 조금씩 소개가 되면서 손님들이 하나둘씩 찾아와 주게 되었다. 그제야 어찌나 안심이 되던지……. 그때의 감정이 지금도 생생하다.

개업한 이듬해부터는 각종 매체에 소개되기 시작했고, 어느 틈엔가 '명란 프랑스' 빵이 우리 가게의 명물이 되어 매일 '명란 프랑스' 빵만 만들게 되었다. 게다가 참으로 감사하게도 언제부터인가 폐점 시각인 7시보다 훨씬 이른 오후 3시만 되어도 빵이 다 떨어지는 상황이 이어졌다.

지금은 원래 계획했던 것보다 직원을 늘려 더 많은 양의 빵을 생산하고 있다. 가게가 번창하면서 매장 인테리어나 빵의 레시피가 꾸준히 발전했지만, 빵을 구울 때의 마음가짐만큼은 하나도 변하지 않았다. 묵묵히, 성실히, 꾸준히, 무엇 하나 허투루 하지 않고 오랜 시간을 들여 정성껏 빵을 만들자는 것. 언제나 그러한 마음으로 빵을 만들고 있다.

ⒸHirokazu Kitamura

가게 앞에는 다양한 나무를 키우고 있다. 서쪽으로 나 있는 큰 창을 통해 햇빛이 들어오는 것을 막는 효과도 있다. 수령이 240년이나 된 올리브 나무를 심을 때는 크레인차의 도움을 받기도 했다.

이제는 나무들이 건물을 덮어 버릴 정도로 자랐다. 나무들이 성장한 모습에서 우리 가게의 오랜 역사를 느낄 때가 있다.

(위)개업한 지 일 년이 지났을 때의 모습. 이 당시에는 진열대 중앙에 하나의 계산대가 있었지만, 4년째가 되던 해에 진열대를 일렬로 바꾸고 계산대를 진열대의 맞은편(사진 안쪽에 위치한 입구 옆)으로 옮겼다. (오른쪽)지금의 매장 모습

정신을 차리고 보니 빵에 흠뻑 빠져 있었다

나는 왜 빵집 주인이 될 생각을 했을까?

직접적인 계기는 대학을 졸업한 후, 빵집에서 아르바이트생으로 일하게 된 것이었다. 그 당시에는 무언가 육체적으로 고된 일을 해 보고 싶었다. 웨이트 트레이닝을 좋아해서 매일 운동을 했기 때문에 기왕이면 근육을 단련하는 동시에 돈도 벌 수 있는 일을 하고 싶다는 생각으로 아르바이트 자리를 구하러 다녔다. 나는 이름에 철학(哲學)에 들어가는 밝을 철(哲), 인생(人生)에 들어가는 날 생(生) 자가 들어가서 그런지 툭하면 '삶의 이유'에 대해 고민하다 우울해지는 편이다. 그래서 내 정신 건강을 위해서라도 몸을 많이 쓰는 일을 해서 쓸데없는 생각이 들지 않게 하고 싶었다. 단 '너무 일찍 일어나지 않아도 되는 일'이라는 조건이 붙기는 했다. 예전부터 아침잠이 많은 편이었기에 일찍 일어나야 하는 일만큼은 피하고 싶었다.

그러던 와중에 어느 빵집의 구인 광고를 발견했다. 모집 요강에 근무 시간이 '아침 여덟 시부터'라고 나와 있었기 때문에 안심하고 들어갔지만, 얼마 지나지 않아 근무시간표가 바뀌어서 새벽 다섯 시부터 공방에서 일하게 되었다. 세상은 그리 호락호락하지 않았다. 이것이 사회에 나와 경험한 내 첫 일터였다.

하지만 그때까지만 해도 나는 빵집 주인이 될 생각이 전혀 없었다. 애초에 나는 먹을거리보다는 패션이나 모터사이클, 건축, 인테리어 등에 관심이 많은 좀 껄렁껄렁한 스타일이었다. 짧은 머리를 노랗게 탈색하고 선글라스를 끼고 다니던, 그야말로 거리에서 흔히 볼 수 있는 젊은이였다. 무언가 대단한 사람이 되어 그럴싸한 일을 하고 싶지만, 정작 무엇을 해야 할지 몰라 방황하는 그런 나날을 보내고 있었다.

내게 피가 되고 살이 될 기술을 익히기 위해

어쩌다 보니 이렇게 묘한 계기로 빵집에서 일하게 된 나는 두 달 후에 사원으로 정식 채용되었다. 그때부터 나는 점점 빵을 만드는 일에 빠져들었다. 빵을 만드는 일 자체가 재미있기도 했지만 그보다도 함께 일하는 사람들이 마음에 들었기 때문이었다. 결국 무슨 일이든 인간관계가 제일 중요한 법이다.

처음 들어간 빵집의 점장은 '나도 저런 사람이 되고 싶다.'라는 생각이 들게 하는 사람이었다. 그런 점장에게 인정받고 싶은 마음에 무턱대고 열심히 일했다. 거의 매일 새벽 4시부터 밤 10시까지 일해야 하는 꽤나 가혹한 환경이었다. 월급을 시급으로 환산하면 한 3000원쯤 되지 않았을까? 그런 생각이 들기는 했지만, 단지 돈을 위해서라거나 칭찬받기 위해서가 아니라, 조금이라도 내 실력을 키우고 싶은 마음이 컸다. 하지만 그 당시에는 정말 힘들었다. 일이 너무 고되어서 도망가고 싶은 마음이 들 때가 한두 번이 아니었지만, 그 덕분에 이제 웬만한 일에는 끄떡도 하지 않게 되었다. 그때의 경험이 오늘날 나의 강한 근성을 키워 주었다고 할 수 있다.

(좌측)계산대를 지금의 위치로 옮긴 2014년 당시, 폐점 후에 찍은 사진. 이제는 실내 장식에 반드시 들어가는 드라이플라워의 모습도 보인다. 처음 영업을 시작했을 때는 제빵사 세 명, 판매 담당 직원 두 명이었다. 개업 초기에 큰 역할을 해 준 제빵 치프인 마쓰오카 유지(松岡裕嗣, 아래 사진 안쪽)과 판매 치프인 미쓰오카 마이(松岡麻衣) 씨(위쪽 사진 오른쪽). 나도 재료 준비부터 성형, 굽기 등등 내가 할 수 있는 일은 가리지 않고 했다.

자나 깨나
오로지 빵 생각뿐

'명란 프랑스' 빵은 빵집을 개업한 지 몇 달이 지난 뒤에 탄생했는데, 그때부터 지금까지 우리 빵집에서 가장 인기 있는 제품이다.

그런 가운데서도 나는 온종일 빵만 생각했다. 방에 잔뜩 붙여 놓았던 클래식 모터사이클 사진을 떼어 내고, 그 자리에 기포가 송송 뚫린 빵의 단면이 찍힌 사진을 대신 붙였다. 하루 종일 빵집에서 일하다 돌아와 놓고도 집에 돌아오면 매일같이 빵에 난 기포를 바라보며 '진짜 끝내준다.', '어떻게 하면 저런 반죽이 나오지?'하고 연신 감탄하고는 했다.

그로부터 삼 년 반쯤 지났을 무렵, 빵에 대해 좀 더 자세히 배우고 싶어진 나는 프랑스 파리로 건너갔다. 파리에 머문 넉 달 동안 나는 '르 그르니에 아 팽(Le Grenier a Pain)' 등에서 연수를 받으며 전통 기법으로 만든 빵이 얼마나 매력적인지 새삼 깨달았고, 내가 나아가야 할 방향을 찾은 듯한 기분을 맛보았다. 그 후 일본으로 돌아온 나는 도쿄에 머무르며 4년 동안 여러 빵집을 전전하며 경험을 쌓았다. 내가 일한 빵집들은 존경하는 시가 가쓰에이(志賀勝榮) 씨가 그 당시 셰프로 근무했던 '유하임 디 마이스터' 등 하나같이 선진 제빵 기술을 도입한 유명한 곳들이었다. 그곳에서 다양한 생각과 기술을 직접 접하면서 내 나름대로 맛있는 빵이나 이상적인 빵집의 모습 등에 대한 기준을 정할 수 있었다고 생각한다.

2006년에 후쿠오카로 돌아온 후 다시 그 지역 빵집에 근무하게 되었다. 이때부터는 직책이 점장으로 바뀌었는데, 사소한 차이에도 전혀 다른 결과물이 탄생하는 빵의 매력에 흠뻑 빠져 있던 터라 다른 직원들까지 끌어들여 새로운 반죽이나 성형을 시도해 보고는 했다.

그러다 어느 날 사장님에게 "자네는 생각이 온통 빵에만 쏠려 있는 게 문제야"라고 주의를 받은 적도 있었다. 빵뿐만 아니라 경영에 대한 부분도 좀 더 신경 쓰라고 당부하신 사장님의 말씀을 지금도 가끔씩 떠올릴 때가 있다.

빵집을 운영하는 이상 경영에 대한 부분을 고려하지 않을 수 없고, 이것저것 신경 써야 하는 것도 사실이다. 하지만 손님들이 빵집에 들르는 이유는 어디까지나 빵을 사기 위함이므로 다른 무엇보다 빵을 최우선으로 생각해야 한다는 것이 내 생각이다. 그 누가 만든 것보다 훨씬 맛있을 뿐만 아니라 누구나 안심하고 먹을 수 있을 만큼 좋은 재료만을 사용한 빵을 누구나 사고 싶어 할 만큼 적당한 가격에 판매한다면 자연히 경영도 순조로워질 것이다.

그저 '당연히 맛있는' 수준이 아니라 너무 맛있어서 저절로 기분이 좋아지는 그런 빵을 만들어서 찾아오시는 손님들을 기쁘게 하는 것이 빵집으로서 지켜야 할 본분이라 생각한다. 빵집은 빵을 사러 오는 곳이므로 빵에 집중하는 것이 무엇보다 중요하다는 점을 경영자의 입장이 된 지금 오히려 더 실감하고 있다.

제빵 담당 직원이 많이 늘어나 이제는 항상 일곱 명 정도가 함께 일하지만, 여전히 나도 매일 작업에 참여한다. 빵이 맛있게 구워졌을 때 느끼는 희열은 예나 지금이나 변함이 없다.

직원들과 스터디를 하던 중에 찍은 사진. 평소에도 가게에서 사용하는 레시피를 각자 손으로 기록해 두는 편이다. 다들 자신만의 레시피 노트를 가지고 있다.

다른 빵집에서 경험을 쌓던 시절부터 존경해 온 '시니피앙 시니피에(Signifiant Signifie)'의 시가 가쓰에이 씨는 내게 스승님과도 같은 분이시다. 지금도 정기적으로 우리 가게에 오셔서 제빵 기술을 가르쳐 주신다.

지금 눈앞에 놓인 현실을 먼저 생각하다

빵을 만드는 일을 시작한 지 22년, 독립해서 나만의 가게를 차린 지 이제 10년이 지났다. 2019년에는 후쿠오카 시내 중심가에 위치한 덴진중앙공원(天神中央公園) 근처에 2호점 '스톡(Stock)'을 오픈했다. 2호점을 개업하면서 함께 일하는 직원의 수가 두 배로 늘어났고, 이제 나는 22년 전에는 감히 상상하지도 못했던 위치에 왔다. 사실 나는 어떤 일을 사전에 계획하고 실천하는 성격이 아니라서 5년 뒤의 목표나 10년 뒤의 목표 등을 미리 정하고, 그에 맞추어 일하지 않는다. 그저 지금 당장 눈앞에 놓인 현실을 직시하고, 주어진 상황에 대해 열심히 고민할 뿐이다.

그런 가치관은 내가 빵을 만드는 과정에도 똑같이 적용된다. 이 책에 소개한 레시피들도 '이렇게 하면 이렇게 되겠지? 그러면……'라는 식으로 미리 머릿속으로 계산해서 나온 것이 아니다. 물론 만들고 싶은 빵의 대략적인 이미지를 잡고 시작하기는 하지만, 그런 이미지만으로 레시피가 뚝딱 '완성' 되지는 않는다. 시험 삼아 한번 만들어 맛을 보고 난 후, 고치고 싶은 점들을 세세하게 조정해서 다음 날에 다시 한 번 구워 먹어 보는 과정을 몇 번이고 반복하면서 조금씩 완성시켜 나갔다. 내가 개발한 레시피는 전부 이러한 서툰 노력들이 쌓이고 쌓여 완성된 결정체인 셈이다.

하루하루 매장을 운영하느라 바쁜 나날을 보내고 있지만, 직원들의 기술 향상을 위한 스터디도 거르지 않고 있다. 제빵 담당 직원이든 판매 담당 직원이든 상관없이 모든 직원이 빵을 반죽하고 성형하는 방법을 접할 수 있는 계기가 되었으면 한다.

매일 빵을 굽는 일에 '질리지 않는' 힘

처음부터 빵집 주인이 될 생각이었던 것은 아니다. 밀가루 알레르기도 여전하고, 아침 일찍 일어나는 것도 고역인 데다 내게는 빵집 주인에 어울리지 않는 면도 많이 있다. 하지만 빵집 주인을 하기에 적합한 점이 딱 하나 있다.

바로 빵을 굽는 일에 질리지 않는다는 것이다.

빵집 주인의 삶은 단조로우며, 매일 똑같은 일이 반복된다. 거창한 일을 하는 것도 아니다. 그저 매일 1분 1초에 쫓기는 삶을 살면서 같은 시각에 같은 일을 되풀이한다. 하루하루를 정해진 루틴에 따라 살 뿐이다. 하지만 남들이 보기에는 늘 같은 일을 하는 것처럼 보여도 알고 보면 그 안에 미세한 변화가 존재한다. 그 아주 작은 변화와 차이에 일희일비하면서 하루하루를 보낸다. 대부분의 사람들은 이처럼 반복되는 일상을 지겨워할지 모른다. 하지만 나는 단 한 번도 '지겹다'고 생각해 본 적이 없다. 단 1밀리미터만이라도 어제보다 더 나아지고 싶은 마음에 매일 고민하고 또 고민한다. 그 누구도 오르지 못한 정상을 향해 한 걸음 한 걸음 나아가고 싶다.

'팽 스톡'의 직원들과 예전에 일했던 직원들 그리고 시가 씨와 함께 찍은 사진. 우리 가게에서 일하다 독립해 자신의 빵집을 오픈한 사람도 있고, 이제는 다른 길을 걷는 사람도 있지만, 다들 어떻게든 소식을 전해 듣고 있다. 우리 가게를 위해 애써 준 사람들에게 감사할 따름이다. 앞으로 5년, 10년이 흘러 더 많은 사람들과 인연을 맺게 될 날이 기다려진다.

단 1밀리미터만이라도 더 나아지기 위해
매일 고민하고 또 고민한다

레시피를 읽기 전에

재료란에 대해

■ 'Okg 준비'라고 기재된 표시는 믹싱을 시작하는 시점을 기준으로 한 밀가루 또는 호밀가루의 총량을 말합니다. 르방 리퀴드(Levain liquid)나 탕종(P.47 참조)을 만들 때 사용하는 가루의 양은 포함되지 않습니다.

■ 밀가루는 전부 상품명을 기재했습니다. 이 책에서 사용하는 밀가루와 해당 제품을 생산하는 제분회사, 단백질 함량, 회분량은 다음과 같습니다.
  · 기타노카오리(キタノカオリ)[마에다농산(前田農産)/약 12.0%/약 0.60%]
  · 기타노카오리 T85 [아그리시스템(アグリシステム)/12.0~14.0%/1.25~1.45%]
  · 기타노카오리 블렌드(キタノカオリブレンド)[에베쓰제분(江別製粉)/11.50%/0.50%]
  · 물레방아표(水車印) 돌맷돌로 간 미나미노카오리(石臼挽きミナミノカオリ)[우메노제분(梅野製粉))/11.60%/0.80%]
  · 물레방아표(전립분)[우메노제분/11.90%/1.40%]
  · 하루유타카100(はるゆたか100)[에베쓰제분/12.0%/0.44%]
  · 하루요코이·하루키라리 블렌드(春よ‥はるきらりブレンド)[요코야마제분(橫山製粉)/11.20~12.60%/0.47% 이하]
  · 비오(BIO) T65[프랑스 데콜론(Decollogne)사/9.50~12.0%/0.60%]
  · 프라무(プラム)[다이요제분(大陽製粉)/10.00%/0.49%]
  · 유메치카라(ゆめちから)[요코야마제분/13.30%/0.42%]
  · 유메무스비(夢むすび)[구마모토제분(熊本製粉)/11.10%/0.44%]

  ※ 괄호 안은 제분회사명/단백질 함량/회분량.

■ 곡물 믹스는 각각 다음과 같은 제품을 사용했습니다.
  · '팽 스톡' 빵(P.38)‥‥‥멀티 그레인 바이센 고코쿠 R(マルチグレイン焙煎五穀R)[퍼시픽양행(パシフィック洋行)]
  · '식이섬유' 빵(P.124)‥‥‥R주코쿠마이 레토르트(R寿穀舞レトルト)[도리고에제분(鳥越製粉)]

■ 르방 리퀴드는 아래에 나온 두 가지 제품을 사용합니다. 두 제품을 구별할 수 있도록 재료란에 표기할 때는 각 원종의 머리글자를 끝에 붙였습니다.
  · 레이즌종(한국에서는 '건포도종'이라는 표현이 많이 쓰인다)으로 만든 르방 리퀴드→르방 리퀴드 R
  · 파네토네종으로 만든 르방 리퀴드→르방 리퀴드 P

■ 이스트는 전부 인스턴트 드라이 이스트(사프 인스턴트 드라이 이스트·레드)를 사용했습니다.

■ 이스트의 양, 흡수량, 물의 온도, 발효시간은 기후나 작업 순서에 따라 변동될 수 있습니다.

■ 덧가루(반죽이 손이나 작업대에 들러붙지 않게 사용하는 가루-역주)는 용도에 따라 두 가지를 구분해서 사용했습니다. 분할·성형 작업에는 강력분을, 캔버스천에 뿌릴 때는 굵게 간 전립분을 사용합니다.

Process(공정표)에 대해

■자세한 믹싱 과정은 기호로 표시했습니다. 기호를 해석하는 법을 P.40에 실린 '팽 스톡'의 공정을 예로 설명해 보겠습니다.

나중에 첨가할 물을 제외한 모든 재료 ↓ → L6·ML9~10 → 반죽 온도 측정→물 첨가 ↓↓↓ →L4~5
A   B C   D   E   F

A 앞에 나오는 재료는 믹서볼에 맨 처음 넣는 재료를 나타냅니다.

예에서는 나중에 첨가할 물을 제외한 나머지 재료를 믹서볼에 넣습니다.

따로 기재되어 있지 않은 경우에는 처음부터 모든 재료를 넣습니다.

B 재료를 투입하는 동작을 나타냅니다.

C 어떤 작업에서 다음 작업으로 넘어가는 것을 뜻합니다.

D 믹서의 회전 속도와 시간(단위: 분)을 나타냅니다.

이 책에서는 회전속도를 L(저속)과 ML(중저속) 두 단계로 설정 가능한 믹서를 사용했습니다.

예의 경우, 저속으로 6분간 믹싱한 다음, 중저속으로 바꾸어 9~10분간 다시 믹싱한다는 의미입니다.

E 반죽의 온도를 측정합니다.

반죽을 완성했을 때 원하는 온도가 나올 수 있도록 측정한 반죽의 온도에 맞추어 첨가할 물의 온도를 조정합니다.

F 재료를 여러 번에 나누어 첨가한다는 의미입니다.

화살표의 개수는 재료를 몇 번에 걸쳐 넣는지를 의미합니다.

예의 경우, 세 번에 걸쳐 물을 첨가합니다.

■믹싱 시간은 가루의 상태에 따라 달라질 수 있습니다. 또 재료나 물을 더 추가하거나 반죽을 끝마치는 타이밍 등도 반죽의 상태를 살펴가며 적절히 판단하시기 바랍니다.

■'상온'은 25~30℃를 말합니다.

■오븐은 데크 오븐과 컨벡션 오븐을 사용합니다. 윗불·아랫불의 온도가 기재되어 있는 경우에는 데크 오븐을, 굽는 온도가 하나만 나와 있는 경우에는 컨벡션 오븐을 사용합니다. 단, 가게에서는 공정에 따라 다른 오븐을 사용할 때도 있습니다. 또 굽는 시간도 어디까지나 일반적인 기준이므로 빵의 상태를 살펴가며 시간을 조정하시기 바랍니다.

■데크 오븐으로 빵을 구울 때는 필요에 따라 처음에 스팀을 씁니다.

CHAPTER

1

◆

팽 스톡
만드는 법

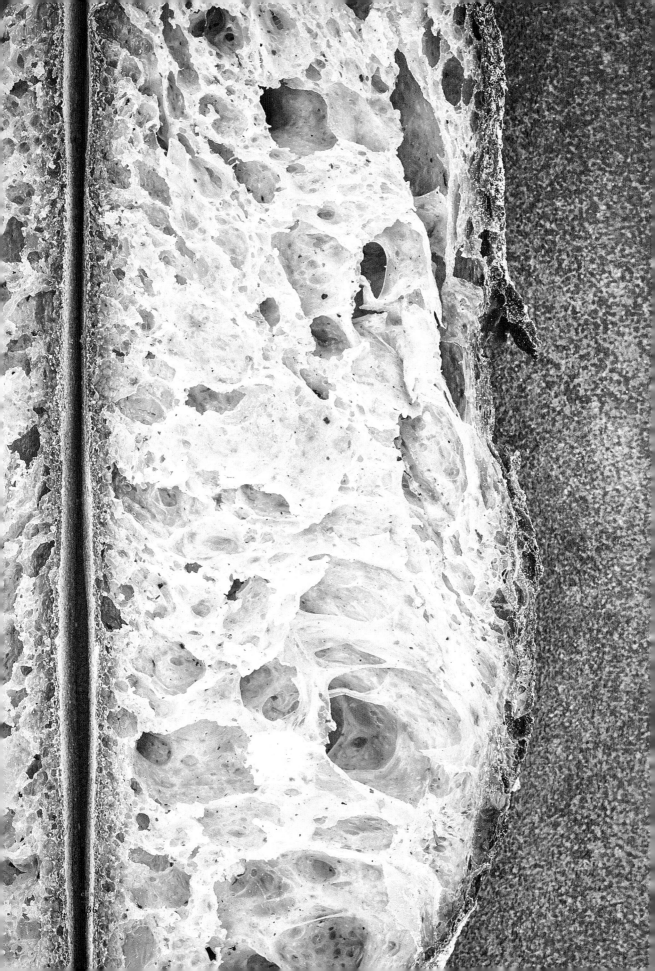

그라데이션과 같은 풍미가 퍼져
하루하루의 변화를 즐길 수 있는 빵 만들기

제1장에서는 우리 가게의 상징인 '팽 스톡'이라는 빵을 먼저 소개하고 싶다.

이 빵의 원형은 내가 파리에 머물던 시절, '줄리앙(Boulangerie Julien)'이라는 빵집에서 먹은 팽 오 르뱅(pain au levain, 자가배양 효모종 빵)이다. 그 전까지 나는 팽 오 르뱅을 '딱딱하고 시큼해서' 내 입맛에 잘 맞지 않는 빵이라 생각했다. 하지만 줄리앙에서 맛본 팽 오 르뱅은 부드럽고 산미도 강하지 않아 인기가 많은 그곳의 대표 상품이었다. 그 빵과의 만남은 팽 오 르뱅에 대한 내 이미지를 완전히 바꿔 놓았다.

줄리앙은 바게트도 높이 평가받을 만큼 실력을 갖춘 곳이었지만, 그곳에서 파는 빵은 생김새도 투박하고, 맛도 고르지 않았다. 하지만 그런 점마저도 사람들에게 하나의 매력으로 작용했으며, 그러한 줄리앙의 여유로운 분위기는 내게도 많은 영향을 끼쳤다.

사실 생각해 보면 효모는 그 자체가 생물이므로 당연히 항상 일정할 수 없다. '프로라면 매일 균일한 맛을 제공해야 한다.'라는 의견도 물론 일리는 있지만, 완성된 빵이 맛있기만 하다면 하루하루 달라지는 맛의 변화를 순수하게 즐겨도 되지 않을까? 나는 독립을 하면서 팽 스톡이라는 빵에 이러한 내 생각을 담았다.

내 목표는 겉껍질은 향긋하고 바삭한 반면, 속은 입에서 살살 녹을 만큼 촉촉한 식감을 지닌 빵을 만드는 것이었다. 그리고 밀이나 호밀 등 곡물의 깊은 풍미가 느껴질 뿐만 아니라, 여기에 레이즌종이나 사워종의 은은한 향을 첨가해서 다양한 풍미가 입 안 가득 퍼져 나가는……그런 팽 오 르뱅을 만들고 싶었다.

개업 후 5년 동안은 나 혼자 재료 준비를 담당했기 때문에 매일 조금씩 배합이나 제조법을 달리해 가면서 지금의 레시피를 차츰 완성해 나갔다. 그리고 다른 직원들과 작업을 분담하게 된 지금도 여전히 매일같이 빵의 모습을 살피면서 '어제 빵이 제대로 부풀지 않은 것 같은데, 오늘은 반죽을 할 때 좀 더 힘을 가해 볼까?', '굽는 시간은 이 정도면 괜찮을까?'라는 식으로 끊임없이 레시피를 조정하고 있다.

다음 페이지부터는 '팽 스톡'의 레시피와 그 밑바탕에 깔린 내 생각에 대해 자세히 설명하려 한다. 이러한 내 생각들은 팽 스톡뿐만 아니라 이 책에서 소개하는 모든 빵에 공통적으로 적용되는 나의 기본적인 생각이기도 하다.

배합 방식 및
공정의 의미

◆ 재료(12.9kg 준비)

프라무(プラム)…9,200g
기타노카오리(キタノカオリ)…3,000g
호밀가루…600g
곡물믹스가루…100g

소금 256g

호밀 플레이크…700g
뜨거운 물…1,900g
볶은 보리…130g
뜨거운 물…260g

탕겔(→P.47)…1,200g

사워종(→P.43)…160g
레이즌종(→P.43)…100g

POINT 밀가루

밀가루는 일반적인 풍미를 지닌 '프라무'에 단맛과 쫄깃쫄깃한 식감이 특징인 '기타노카오리'를 블렌딩했다. 밀가루 양의 약 10%에 해당하는 호밀(가루+플레이크)을 배합하고 있다.

POINT 플레이크&보리차

밀의 향긋한 풍미가 느껴지도록 보리차를 배합하고 있다. 호밀 플레이크와 볶은 보리는 모두 전립곡물이기 때문에 글루텐의 형성을 억제하고, 식감을 좋게 한다.

전분 관련 내용은→P.47

'탕겔(P.47 참조)'은 밀가루를 물에 풀어 가열해 전분을 호화(알파화)시킨 것이다. 호화된 전분은 반죽을 쫄깃하게 한다. 또한 반죽에 탕겔을 배합하면 그 안에 들어 있는 분해 효소가 중요한 작용을 한다.

효모 관련 내용은→P.42

과일이나 곡물로 배양한 자가 효모종은 동일한 '발효' 작용을 하기는 하지만, 반죽을 부풀리기 위한(가스 발생) 목적이 아니라 풍미를 끌어올리기 위해 사용한다. 사용하는 효모종의 종류에 따라 풍미가 달라진다.

이스트···2.6g

뜨거운 물(40℃)···260g

POINT 이스트

반죽에 들어가는 이스트의 양은 밀가루의 수천분의 일에 불과하지만, 장시간 발효를 일으키는 스타터의 역할을 확실히 한다.[※]

자가배양 효모종과 이스트를 함께 사용할 때도 많다.

※ 일반적으로 밀가루에 존재하는 미생물의 수는 1g당 10만 개 이하인 경우가 많지만, 이스트에 존재하는 효모의 수는 1g당 약 10억~100억 개나 된다(감수/후지모토 아키히토(藤本章人)·이하 후지모토)

찬물···8,840g

첨가할 물···2,210g

물 첨가 관련된 내용은→P.59

흡수량이 100%에 가까운 반죽에 처음부터 물을 전부 부으면 반죽이 잘 뭉쳐지질 않는다. 그래서 수분의 20~30%는 글루텐이 형성된 후에 첨가하여 흡수율을 서서히 높이고 있다.

완성된 반죽량=28,918.6g

Process

Preparation 준비
· 호밀 플레이크를 뜨거운 물에 7~8시간 불려 둔다.
· 볶은 보리를 뜨거운 물에 7~8시간 불려 둔다.
· 이스트를 뜨거운 물에 녹여 둔다.

POINT 준비
호밀 플레이크와 볶은 보리는 반죽에 잘 스며들도록 미리 뜨거운 물에 불려 놓는다. 이렇게 하면 반죽이 전체적으로 부드러워지기 때문에 다른 반죽을 만들 때도 건과일이나 견과류를 미리 물에 불려서 사용할 때가 많다.

Mixing 믹싱
나중에 첨가할 물을 제외한 모든 재료↓→L6·ML9~10→
반죽 온도 측정→물 첨가↓↓↓→L4~5
완성된 반죽의 온도 21~23℃
※완성된 반죽의 온도와 상태를 살펴보고 믹싱이 부족한 경우에는 추가로 L2~3

믹싱 관련된 내용은→P.56
반죽을 만드는 첫 단계이자 반죽 상태를 결정하는 과정이다. 온도, 글루텐 강도, 물의 양 등을 살펴 가며 반죽을 마치는 타이밍을 조절한다. 마지막에 간을 보는 것도 중요하다.

Floor Time 플로어 타임
상온 45분

Stretch 펀치(가스 빼기)
반죽을 위로 잡아당긴다.

펀치 관련된 내용은→P.61
반죽의 강도를 확인하고 글루텐을 조정하는 과정으로, 수작업으로 진행한다. 펀치 방법을 달리하면서 반죽의 '탄력성'과 '신장성'을 조정해야 식감이 쫄깃해지고 구울 때 빵이 잘 부푼다. 필요한 경우에는 이 작업을 발효 후에 진행할 때도 있다.

Bulk Fermentation 발효
18℃, 습도, 70% 하룻밤

발효 관련된 내용은→P.50 & P.62

Warming 워밍
상온 2시간

POINT 워밍

발효 중에는 반죽을 상온보다 낮은 온도에 둘 때가 많다. 차가워진 반죽을 상온으로 되돌리면, 즉 반죽의 온도를 올리면 자연히 글루텐의 탄력이 증가해 반죽을 분할하기 쉬워진다.

Dividing 분할
1,000g

분할 관련된 내용은→P.64

반죽을 빵 한 개 분량의 크기로 잘라서 나눈다. 가급적 한 번에 잘라야 반죽에 가해지는 부담이 적다. '팽 스톡'처럼 성형을 하지 않는 빵은 이때의 글루텐 방향을 반죽이 다 구워질 때까지 유지할 수 있다.

Final Rise 최종 발효
상온 2시간

최종 발효 관련된 내용은→P.66

'팽 스톡'처럼 수분이 많은 반죽을 최종 발효할 때는 '반죽을 부풀리는 것'보다는 분할 과정에서 수축된 글루텐을 '완화'하는 것이 목적이 된다. 이렇게 반죽이 부드러워진 후에 오븐에 넣어야 반죽이 잘 부푼다.

Slashing 칼집 내기
십자 ⊕

POINT 칼집 내기

칼집을 내면 반죽 표면에 틈이 생겨서 오븐에 넣었을 때 반죽이 잘 부푼다. 또 칼집은 반죽을 굽는 과정에서 반죽 내부에 발생하는 수증기가 지나는 통로 역할을 하기 때문에 반죽이 골고루 잘 익게 된다.

Baking 굽기
윗불 270℃, 아랫불 240℃ 45분

굽기 관련된 내용은→P.69

'팽 스톡'처럼 구울 때 수직 방향으로 부풀리고 싶은 반죽은 데크 오븐을 이용해 강력한 열을 전달한다. 오븐 내부에 열을 서서히, 고르게 전달하고 싶을 때는 컨벡션 오븐을 사용한다.

효모

발효에 반드시 필요한 효모의 힘.
각각의 빵에 알맞은 효모를 선택해야 한다

빵을 만들 때, '효모'(영어로는 yeast 또는 leaven)는 반죽을 발효시키는 과정에 꼭 필요한 존재다.

대표적으로 출아형 효모(Saccharomyces cerevisiae)라는 균종이 있다. 효모는 자신이 지니고 있거나 밀가루 또는 몰트에 들어 있는 분해 효소를 이용해 단백질이나 전분을 분해하고, 이렇게 분해된 당이나 아미노산을 흡수해 새로운 물질을 배출하면서 살아가는 미생물이다.

결과적으로 반죽 안에 탄산가스가 발생해 반죽이 부풀게 된다. 게다가 전분에서 분해된 맥아당이나 포도당, 단백질에서 분해된 아미노산 등 여러 풍미 성분이 생성되어 반죽에 단맛·감칠맛·쓴맛·향 등 발효 전에는 존재하지 않았던 풍미를 부여한다. 즉, 빵 반죽이 발효되는 것은 주로 미생물들의 생명 활동 덕분이라 할 수 있다.

참고로 제빵 재료로 많이 판매되고 있는 '이스트'는 출아형 효모를 순수 배양한 후, 보존성 향상 및 안정된 품질 유지, 유통 및 사용의 편의성 등을 위해 냉장·건조 등의 가공을 거친 것으로, 알고 보면 같은 미생물이다.

그리고 효모와 마찬가지로 빵의 발효에 깊이 관여하는 '유산균'은 같은 미생물이기는 하지만 '효모'가 속한 진균류가 아닌 '세균류(bacteria)'로 분류된다.

자가배양한 레이즌종이나 사워종 속에는 유산균도 활동하고 있기 때문에 미생물학적인 관점에서 보자면 자가배양 효모종은 '효모'만을 가리키는 것이 아니라 '세균'도 포함한 다양한 미생물의 집합체라 말할 수 있다. 단일효모인 이스트와 비교했을 때, 발효 과정에서 더 깊고 복합적인 풍미를 띠게 된다.

우리 가게에서 만들고 있는 효모는 레이즌종, 홉종, 사워종 세 가지다. '팽 스톡' 반죽에는 과일의 은은한 단맛과 향이 첨가된 레이즌종과 부드러운 산미를 지닌 사워종을 사용하고 있다. 또 미량의 이스트도 첨가한다. 자가배양 효모종이 담당하는 역할은 좀 더 다채로운 풍미를 띠게 하는 것이다. 그 대신 빵을 안정적으로 부풀리는 역할(탄산가스)은 이스트에 맡기자는 생각이다. 대부분의 반죽에 이처럼 자가배양 효모종+이스트의 조합을 채택하고 있다.

물론 미량의 이스트만을 첨가하는 대신 밀가루나 우유 같은 재료의 풍미를 좀 더 살려서 반죽하는 빵도 있다. '자가배양 효모종을 사용하는 것' 자체를 목적으로 삼지 않고, 어디까지나 각각의 빵의 특색에 맞추어 빵을 더 맛있게 구울 수 있는 방식을 선택하고 있다.

레이즌종

범용성이 높고, 과일향과 은은한 단맛이 특징인 효모종

자가배양 효모종 가운데 가장 일반적인 레이즌종. 팽스톡에서는 그린 레이즌(green raisin)을 이용해 종계를 한다. 그린 레이즌을 병에 넣고, 그린 레이즌이 완전히 잠기게 물을 부은 다음, 전체의 2%에 해당하는 양의 원종을 섞어 하룻밤 두면 기포가 생긴다. 맛을 보았을 때 은은한 단맛과 와인을 연상시키는 과일향이 풍기면 발효가 완료된 것이다. 완성된 효모종을 그대로 반죽에 섞거나 르방 리퀴드(→P.44)를 만들어서 사용하기도 한다.

홉종

홉을 이용해 쌉싸름한 맛과 풍부한 향을 낸 효모종

술의 원료가 되기도 하는 홉과 쌀누룩을 주로 효모의 영양원으로 삼고, 간 사과나 감자 등을 더해 발효시킨 홉종. 발효가 끝난 종은 마치 맥주처럼 쌉싸름한 맛을 낸다. 술처럼 주변 가득 퍼지는 향을 지녔다. 팽 스톡에서 만드는 자가배양 효모종 가운데 가장 발효력이 강해 단독으로 사용해도 빵을 충분히 부풀리는 효모지만, 지나치게 발효되면 쓴맛이 강해지므로※ 적당히 발효시키기가 까다로운 편이다.

※ 청주나 주종을 만들 때도 사용되는 쌀누룩의 아밀라아제(전분 분해 효소)는 다른 원료보다 분해 활성이 우수합니다. 그래서 홉종을 사용하면 밀가루나 감자의 전분이 더 쉽게 분해되어 효모에 이용되는 경향이 있습니다. 하지만 전분의 분해와 발효가 동시에 일어나기 때문에 단시간에 당분이 소비되기 쉬워 발효를 통제하기가 어렵습니다. 게다가 발효가 지나치게 진행되면 그만큼 당분이 줄어들기 때문에 단맛을 잘 느끼지 못하게 되어 쓴맛이 더욱 강하게 느껴집니다.(후지모토)

사워종

호밀가루를 매일 먹이로 주는 효모종으로 유산균이 풍부하다

지인에게 받은 사워종을 그대로 종계해서 사용하고 있다. 종계를 할 때는 같은 양의 호밀가루와 물을 섞은 것을 원종과 1:1의 비율로 섞어서 상온에 여러 시간 둔다. P.42에 실린 사진은 발효가 끝난 사워종을 옆에서 본 모습이다. 탄산가스가 발생해서 효모종에 작은 기포들이 형성되어 있다. 완성된 효모종에서는 부드러운 산미가 느껴진다.

르방 리퀴드

레이즌종으로 만든
르방 리퀴드

**기타노카오리와 레이즌종이 탄생시킨
산뜻하고 새콤달콤한 맛**

'기타노카오리'에 1.5배의 물을 붓고, 여기에 4%에 해당하는 양의 레이즌종을 첨가해 발효시킨 것이다. 상온에서 여러 시간 발효한 다음, 발효가 거의 다 되었다 싶을 때쯤 여러 번 맛을 보며 최적의 타이밍에 냉장고로 옮긴다. 발효가 끝나면 레이즌종 특유의 과일향에 밀가루가 발효되면서 생긴 감칠맛과 곡물에서 유래한 단맛과 산뜻한 산미가 더해져 요구르트와 비슷한 맛이 된다. '팽드미 브리오슈(pain de mie brioche)'(P.186)처럼 르방 리퀴드를 밀가루 양의 40%까지 첨가하는 반죽도 있으므로 맛있는 빵을 만들기 위해서는 르방 리퀴드의 맛 자체가 매우 중요하다. 그래서 다채로운 풍미를 지닌 밀가루인 기타노카오리를 사용하고 있다.

파네토네종으로 만든
르방 리퀴드

**사워종으로 만든 르방 리퀴드는 전립분이나
호밀가루로 만드는 빵에 사용**

처음에는 시판용 파네토네종(이탈리아의 전통적인 발효과자 '파네토네'를 만들기 위한 효모로, 사워종의 일종이다)을 사용해서 만든 다음, 원종을 리프레시하고 있는 르방 리퀴드다. 회분량이 많은 물레방아표 밀가루(돌맷돌로 간 미나미노카오리)로 만들기 때문에 옅은 갈색을 띠고 은은한 산미가 감돌며, pH를 떨어뜨릴 뿐만 아니라 효소의 활동력도 강하다. 이 르방 리퀴드는 전립분이나 호밀가루로 만드는 빵 등에 사용한다. 비교적 뻑뻑한 반죽에 부드러운 식감을 주기 위해 사용하는 경우가 많다.

르방 리퀴드(프랑스어로 levain liquide=‘액상 효모’)는 밀가루나 호밀가루에 동량 이상의 수분을 첨가해 발효시킨 걸쭉한 상태의 발효종을 말한다. 이와 비슷한 발효종을 ‘액종’ 또는 ‘폴리지종’이라고 부를 때도 있다.

미리 발효시켜 둔 르방 리퀴드를 이용해 2단계의 발효 과정을 거치면 반죽의 풍미가 더 진하고 깊어진다는 장점이 있다.

하지만 내가 르방 리퀴드를 사용하는 가장 큰 이유는 반죽의 pH[1]를 낮추기 위함이다. 식품은 pH가 높을수록 알칼리성, 낮을수록 산성을 띤다.

발효가 완료된 르방 리퀴드는 효모 외에도 수많은 유산균이 활동하며 유산을 생성하고 있기 때문에 요구르트처럼 시큼한 맛이 난다. 고기를 요구르트에 재워 놓으면 부드러워지는 것에서도 알 수 있듯이 pH가 낮은 환경은 단백질을 연화시키는 작용을 한다.[2]

즉, 르방 리퀴드를 반죽에 첨가함으로써 반죽의 pH가 낮아진다. 그 결과 반죽 내 단백질=글루텐이 연화되어 반죽이 더 부드러워지기 때문에 오븐에 넣었을 때 반죽이 더 잘 부풀고, 빵의 식감도 더 좋아진다. 내게 르방 리퀴드는 직접 만드는 반죽개량제와 같다고 할 수 있다.

르방 리퀴드는 밀가루나 호밀가루 그리고 물(미량의 이스트도 첨가)만으로 만드는 방법도 있지만, 나는 다른 방법으로 두 가지 르방 리퀴드를 만들고 있다. 하나는 P.43에서 소개한 레이즌종을 이용해 매일 새로 만들고, 또 다른 르방 리퀴드는 파네토네종으로 만든 원종에 돌맷돌로 간 밀가루를 첨가해 가며 리프레시 하고 있다.

이 가운데 저배합빵부터 고배합빵까지 다양하게 이용하는 것은 레이즌종으로 만든 르방 리퀴드다. 그날그날 필요한 양만 만들어 사용하기 때문에 신선한 풍미를 느낄 수 있다.

※ 1 pH는 ‘페이에치’ 또는 ‘페하’로 읽습니다. 용액의 수소 이온 농도를 나타내는 기호로, 용액의 산성도를 가늠하는 척도입니다. pH 수치는 1~14이며, 수치가 작을수록 산성, 클수록 알칼리성을 띱니다. pH7은 중성을 뜻합니다.

※ 2 르방 리퀴드에도 유산이나 아세트산이 들어 있는데, 이러한 성분으로 인해 글루텐이 pH가 낮은 환경에 놓일 경우, 글루텐을 형성하는 단백질의 결합이 약해지거나 일부 단백질이 가용화(수화)되어 글루텐의 물성이 부드러워집니다. (후지모토)

입 안에서 사르륵 녹는 식감과 진한 풍미를 느낄 수 있게 하는
르방 리퀴드는 그야말로 수제 반죽개량제이다

전분

밀가루를 그대로 반죽에 사용하지 않고 미리 뜨거운 물로 익히거나 익반죽을 해서 전분을 알파화(호화)시켜 반죽에 섞는 방법을 일반적으로 '탕종법(湯種法)'이라고 한다.

이렇게 밀가루를 미리 익히거나 익반죽한 것을 '탕종'이라고 하는데 우리 가게에서는 밀가루에 첨가하는 수분의 비율에 따라 탕종을 '탕겔(묽은 탕종)'과 '탕반죽(된 탕종)'으로 나누어 부르고 있다. 탕겔이나 탕반죽을 사용하면 무엇보다 반죽의 보수성이 향상되어 흡수율을 높일 수 있다. 그 결과 빵이 더 촉촉하고 쫄깃쫄깃해지며 보존성도 좋아진다.

하지만 전분 때문에 글루텐 형성이 저해되어 제빵성은 떨어지고 만다. 전분을 사용한 반죽은 글루텐 반죽과는 다르게 식감이 무겁다. 그래서 '가벼운 식감'을 주기 위한 노력이 필요하다. 구체적인 방법은 각 빵을 소개할 때 자세히 설명하겠다.

'팽 스톡'을 만들 때는 이러한 전분 가운데 '탕겔'을 사용하고 있다. 탕겔은 돌맷돌에 간 밀가루에 다섯 배의 물을 부어 65℃까지 가열한 것이다. 이렇게 가열한 탕종은 걸쭉한 상태가 되기 때문에 '겔(gel)'이라는 표현을 붙이고, 100℃의 뜨거운 물을 부어 반죽해 쫀득쫀득해진 탕종은 '탕반죽'으로 구분해서 부르고 있다. 탕겔과 탕반죽은 물론 맛과 질감에서도 차이를 보이지만, 가장 큰 차이점은 '효소'의 작용 유무다. 효소에는 수많은 종류가 있지만, 내가 빵을 만들 때 가장 중요하게 생각하는 효소는 단백질을 분해하는 '프로테아제(protease)'와 전분을 분해하는 '아밀라아제'다. 탕겔은 온도를 65℃ 이하로 억제하기 때문에 그 안에 들어 있는 프로테아제나 아밀라아제가 계속 작용한다.※

완성된 반죽을 발효시키는 동안, 프로테아제가 단백질을 아미노산으로 분해하거나 아밀라아제가 전분을 맥아당이나 포도당으로 분해함으로써 발효 전에는 없었던 단맛이나 감칠맛이 생긴다.

효소에 대해서는 뒤에서 좀 더 자세히 설명하겠다. 조금 어려운 이야기일 수도 있지만, 관심 있으신 분들은 재미있게 읽어 주셨으면 한다.

※ 프로테아제나 아밀라아제 같은 효소에는 수많은 종류가 있으며, 밀가루,과일몰트,미생물 같은 효소원의 유래나 pH, 온도와 같은 환경 등 활성화에 필요한 조건도 매우 다양합니다. 단, 일부 효소를 제외한 대부분의 효소는 80℃가 넘으면 불활성화되어 작용하지 않게 됩니다. 탕겔을 만들 때 온도를 65℃ 이하로 억제하는 것은 이러한 효소의 작용을 이용하기 위한 것이라고 볼 수 있습니다. (후지모토)

반죽에 촉촉하고 쫄깃한 식감을 더하는 전분.
점성이나 효소의 작용을 고려해 구분해서 사용한다

탕겔

돌맷돌에 간 밀가루로 만드는 부드러운 페이스트

'물레방아표' 밀가루에 다섯 배에 해당하는 물을 부은 다음, 불에 올려 잘 저어가며 65℃가 넘지 않게 가열한 것이다. 주걱으로 떴을 때 주르륵 흘러내릴 정도로 농도가 낮고, 부드러우면서도 걸쭉한 질감을 띤다. 은은한 단맛이 느껴진다.

탕반죽

빵 반죽별로 다양한 가루를 이용해 만드는 쫄깃한 탕종

'탕반죽'은 밀가루에 두 배에 해당하는 뜨거운 물을 부어 골고루 반죽한 것이다. 빵 반죽에 어울리게 흰 밀가루나 전립분 등 다양한 종류를 만들어 사용하고 있다. 탕반죽을 배합한 빵 반죽은 식감이 무거워지기 쉬우므로 다른 재료나 제빵 기술 등을 이용해 식감을 조절한다.

쌀겔

고아밀로오스 쌀가루로 만드는 쫄깃쫄깃한 탕겔

'팽드미 재팬'(P.178)을 만들기 위해 고안해 낸 쫀득쫀득한 탕겔이다. 쌀가루에 6배에 해당하는 물을 부어 만든다. 밀가루로 탕겔을 만들 때보다 들어가는 물의 양이 많지만, 쌀가루로 만든 탕겔은 점성이 높아 반죽이 무거워지므로 가급적 '고아밀로오스'의 점성이 낮은 쌀가루를 선택한다.

매시 포테이토

부드럽고 입에서 살살 녹는 반죽을 만들 때 사용하는 매시 포테이토

삶은 감자를 으깨어 물과 함께 믹서에 넣고 간 것이다. 감자의 전분립은 다른 식재료의 전분립보다 크며, 호화된 후에도 식감이 가벼운 것이 특징이다. 반죽에 섞어도 점성이 많이 생기지 않는다.

칡 페이스트

점성이 높은 전분으로 반죽의 골격을 세운다

'식이섬유' 빵(P.124)을 만들 때 사용한다. 질감은 푸딩처럼 탱글탱글하다. 글루텐으로 부풀리는 것이 아니라, 전분으로 반죽의 골격을 세우는 쫄깃쫄깃한 빵에 어울린다.

펄펄 끓인 물을 밀가루에 한 번에 부은 다음, 열기가 식기 전에 섞어서 만드는 '탕반죽'

반죽 안에 형성된 생태계가
빵을 더 맛있게 만들어 준다

빵의 생태계

내가 빵을 만들 때 중요하게 생각하는 것은 입에서 살살 녹는 식감이다. 그리고 빵을 통해 밀가루나 유제품, 차, 허브 등 그 빵의 주재료가 지닌 풍미를 또렷하게 표현하고 싶은 마음이 있다.

빵에는 글루텐이 일정량 필요하지만, 나는 사실 글루텐이 너무 강한 빵은 좋아하지 않는다. 글루텐이 강하면 물론 빵의 식감은 가볍고 폭신폭신해지지만, 빵에서 '글루텐 맛'이 너무 심하게 나기 때문이다. 내가 생각하는 '글루텐 맛'의 이미지는 '구운 뒤 시간이 한참 지나 버린 빵'처럼 맛없는 느낌이다. 이처럼 글루텐 맛이 너무 강조되어 버리면 원래 그 빵의 주인공이어야 할 밀가루 본연의 향이나 단맛 또는 우유나 허브의 향 등을 잘 느낄 수 없게 된다.

실제로 믹싱을 하는 과정에서 보더라도 글루텐이 강해지면 색이 점점 하얗게 변해서 재료가 지닌 본연의 색이 사라져 버린다. 재료의 맛도 점차 엷어지는 느낌이 든다. 글루텐의 그물 구조 안에 재료가 지닌 본연의 색이나 풍미가 갇혀 버리는 듯한 느낌이다. 내 경험상 재료를 동일한 비율로 배합하더라도 믹싱 정도, 글루텐의 강약에 따라 반죽의 맛이 큰 차이를 보인다.

처음에는 글루텐을 억제하기 위해 전분을 활용해 보려고 했다. 탕겔이나 탕반죽을 만들어 빵 반죽에 섞어 전분을 보충하면 글루텐 형성이 억제되어 반죽의 밀도가 올라가 쫄깃쫄깃한 식감이 된다. 글루텐이 약해진 만큼 재료가 지닌 본연의 맛을 또렷하게 느낄 수 있는 빵이 구워진다.

하지만 전분이 지나치게 많이 들어가면 이번에는 반죽이 무거워져서 뭉쳐 버린다. 식감이 나빠져 먹기 불편한 빵이 되어 버린다.

글루텐 맛이 나지 않으면서 재료가 지닌 본연의 맛이 잘 느껴지는 빵을 만들고 싶다. 하지만 반죽이 무거워져서 뭉쳐 버리면 곤란하다. 가벼우면서도 식감이 좋은 빵을 만들고 싶다.

이처럼 모순되는 두 가지 바람을 동시에 이루려면 대체 어떻게 해야 할까?

그럼 고민을 하던 차에 시가 가쓰에이 씨의 강습회에서 pH[1]와 효소[2]를 잘 활용하는 방식에 대해 배우게 되었다.

※1 pH는 용액의 수소 이온 농도를 나타내는 기호로, 용액의 산성도를 가늠하는 척도입니다. pH 수치는 1~14이며, 수치가 작을수록 산성, 클수록 알칼리성을 띕니다. pH7은 중성을 뜻합니다.

※2 온갖 생물의 체내에 존재하면서 다양한 화학반응의 촉매로 작용하는 물질. 셀 수 없을 만큼 많은 종류가 있다.

예를 들어 요구르트나 식초 같은 산성 식품에 고기를 재웠을 때처럼 pH가 낮은 환경에 두면 단백질은 부드럽게 변한다. 빵에 든 단백질이라 하면 글루텐을 들 수 있다. 반죽의 pH를 떨어뜨리면 발효 중에 글루텐의 그물 구조가 느슨해져 오븐에 구웠을 때 잘 부풀게 된다. 보수성도 향상되어 입 안에서 살살 녹는 먹기 좋은 반죽이 된다는 것을 깨달았다.

생각해 보면 전통적인 호밀빵 레시피도 사워종으로 pH를 낮추어 보존성을 향상시키고, 곡물의 속껍질이나 단백질을 부드럽게 해서 더 잘 소화되게 한 지혜의 산물일 수도 있다.[3]

그러한 옛날 사람들의 지혜에 감탄할 수밖에 없는 대목이다.

[3] 호밀에는 글루텐을 만드는 단백질의 일부(글루테닌)가 없기 때문에 일반적으로 밀가루로 만드는 빵에 비해 잘 늘어나지 않고, 제빵 원리도 차이가 납니다. 반죽을 산성으로 만들면 좀 더 다루기 쉽고 비교적 잘 부풉니다. 오븐에서 호화되는 동안, 반죽의 식감에도 영향을 끼친다고 합니다.(후지모토)

이렇게 pH를 의식하게 되고 난 뒤부터 나는 르방 리퀴드(P.44)를 자주 사용하게 되었다. 레이즌종이나 사워종을 이용해 수분이 많은 반죽을 만들어 하룻밤 동안 발효시키면 유산균이 풍부하고 은은한 산미가 감도는 르방 리퀴드가 완성된다. 이렇게 만든 르방 리퀴드를 반죽에 일정한 비율로 첨가하면 pH를 자연스레 낮출 수 있다.

pH 외에도 또 하나 주목하게 된 것이 바로 '효소'의 작용이다.

효소는 모든 생물의 체내에 존재하면서 다양한 생명 활동에 관여하는 물질이다. 효소 자체는 생물이 아니지만, 화학 반응을 일으키는 '촉매'로 작용한다. 오늘날 식품뿐만 아니라 세제나 화장품 업계에서도 인기를 끌고 있는 효소는 빵의 발효에도 지대한 영향을 끼친다.

하지만 이렇게 이야기를 해도 '효소'라는 말을 들었을 때 구체적인 이미지를 떠올리지 못하는 분들이 많을 것이다. 나도 처음에는 '효소가 글루텐을 분해한다.'라는 식의 설명을 이해하지 못해 고개를 갸우뚱거렸다. 이야기가 조금 길어지겠지만, 내가 이해한 효소의 작용에 대해 좀 더 설명해 보려 한다.

빵을 만들 때 알아 두었으면 하는 효소는 단백질 분해 효소인 '프로테아제'와 전분 분해 효소인 '아밀라아제' 두 가지다.

프로테아제는 단백질, 즉 글루텐을 분해하는 작용을 한다. pH는 글루텐을 연화시킬 뿐이지만, 프로테아제는 글루텐을 없애 버리기 때문에 과도하게 작용하면 반죽이 흐물흐물해져서 빵이 되질 않는다. 그래서 제

반죽을 끝마친 '팽 스톡' 반죽. 글루텐이 잘 형성되어 있어 반죽을 양손으로 잡아당기면 얇게 늘어난다.

빵의 세계에서는 종종 프로테아제가 악당 취급을 받기도 하지만, 잘만 이용하면 글루텐을 적당히 분해해서 반죽이 오븐에서 잘 부풀게 할 수 있다. 또 단백질에서 분해된 아미노산은 빵에 감칠맛을 더한다.

아밀라아제는 전분을 분해해 맥아당이나 포도당으로 만드는 분해 효소다. 오로지 밀가루, 소금, 물, 효모만을 발효시켜 만드는 바게트에서 은은한 단맛이 느껴지는 것은 이러한 아밀라아제의 작용이 있기 때문이다.

빵을 발효시키는 동안, 반죽 안에는 하나의 생태계가 구성된다. 효모나 유산균 같은 미생물이 활동하면서 프로테아제나 아밀라아제를 이용해 반죽에 있는 전분이나 단백질을 분해한다. 그리고 필요한 영양분을 섭취하고 소화시켜 다른 물질을 배출한다. 이렇게 끊임없이 생명 활동을 펼친 결과, 빵을 부풀리는 탄산가스나 빵의 풍미 성분인 맥아당과 포도당, 아미노산 같은 새로운 물질이 생겨난다. 그와 동시에 빵의 영양 성분이 좀 더 소화되기 쉬운 작은 분자 단위로 쪼개져 우리 입에 들어오게 된다. 이처럼 빵은 발효 과정을 거치는 과정에서 여러 이점이 생긴다.

물론 발효 과정에서 일어나는 변화가 늘 빵에게 긍정적으로만 작용하는 것은 아니다. 이 과정에서 사람들이 불쾌하게 느끼는 쓴맛이나 자극적인 산미가 발생할 때도 있다. 앞에서 이미 언급한 것처럼 효소가 과도하게 작용할 경우, 반죽 자체가 흐물흐물해질 수도 있다.

그렇기 때문에 현재 나는 빵의 배합이나 제빵 기술에 대해 고민할 때 '단백질(글루텐)', '전분', '효모' 외에도 'pH(유산균)', '효소'가 어떻게 작용하는지도 전부 고려해 레시피를 개발하고 있다.

발효 온도를 정해야 할 때를 예로 들어 보자.

'발효' 항목(P.62)에서도 설명하고 있듯이 '18℃, 습도 70%, 하룻밤'이 내가 대부분의 반죽에 적용하고 있는 장시간 발효의 기본 설정이다. 이 같은 온도가 효모, 유산균, 효소가 천천히 균형적으로 작용하면서 각각의 맛있는 성분을 끌어내기에 적합한 온도라고 생각하기 때문이다.[4]

※4 18℃의 온도에서는 무엇보다 효모, 유산균, 효소의 작용이 상당히 약해집니다. 일반적으로 효모가 가스를 발생시키는 최적의 온도는 25~30℃인데, 반죽을 그보다 저온에 두면 효모의 가스 발생이 약해집니다. 이와 동시에 효모가 발생시키는 음양향(음양주가 지닌 과일처럼 향긋한 향으로, 발효 과정에서 효모가 생성하는 에스테르류를 주성분으로 한다)의 질이 달라져, 저온에서 발효시키는 편이 풍미적인 측면에서 더 달콤한 향이 두드러지는 경향이 있습니다. 발효가 지나치게 진행되지 않도록 저온에서 천천히 발효시키기 때문에 반죽에 들어 있는 당질이나 아미노산 성분을 효모가 전부 섭취하지 않아 반죽에 풍미와 맛이 더 잘 남아 있게 됩니다. 반죽에서 부드럽고 달콤한 향이 나고 글루텐이나 전분의 수화도 진행되기 때문에 예를 들어 28℃에서 발효시킨 반죽과 비교했을 때 전혀 다른 결과물이 나옵니다. (후지모토)

예를 들어 발효 온도가 30℃ 전후라 하면 주로 탄산가스의 발생을 담당하는 효모와 유산균도 활성이 향상된다. 또 온도가 올라가면 글루텐의 탄력도 강해지기 때문에 단시간에 반죽이 부풀어서 빵에 볼륨감이 생긴다. 하지만 이렇게 짧은 시간 동안에는 효소가 제대로 분해되지 않으므로 풍미 성분이 생성되기 전에 반죽이 이미 다 부풀어 버리는 것이 아닐까 생각한다.

반대로 발효 온도를 5℃ 이하로 낮추면 효모나 유산균의 작용도 둔해지며, 추운 환경에 약한 프로테아제나 아밀라아제가 거의 작용하지 못하게 된다. 따라서 발효 속도는 상당히 느려지지만, 효소가 강한 재료(예를 들어 유기농 밀가루나 효소가 많은 과일)를 사용한 반죽의 경우, 이러한 낮은 온도에서 발효시키면 안심할 수 있다.

이처럼 빵 반죽 안에는 다양한 요소가 복잡하게 얽힌 하나의 생태계가 조성되어 있다. 각 빵의 주제나 상황에 따라 이러한 환경을 조정해서 각각의 요소들이 제대로 작용하게 하고 싶지만, 실제로 빵을 만들어 보면 뜻대로 되지 않을 때도 많다. 나도 앞으로 더 많은 지식과 경험을 쌓아 나가야 할 분야다.

글루텐, 전분, 효모, 유산균, 효소……
여러 요소가 복합적으로 작용해 빵의 풍미를 결정한다.

믹싱

'팽 스톡' 빵의 반죽은 '브레이크 다운(break down, 반죽을 지나치게 해서 글루텐이 반괴되어 버리는 것)' 단계에 도달하기 직전까지 믹싱을 한다. 이렇게까지 믹싱을 하는 이유는 재료를 전체적으로 골고루 섞기 위해서다. 또 글루텐의 그물 구조를 완화시키기 위한 목적도 있다. 반죽을 끝마쳤을 때 형성되는 풍선 모양의 기포는 글루텐의 강도를 판단하는 기준이 된다. 공기를 반죽 안에 완전히 가둘 만큼 강하지는 않지만, 공기가 빠져나가지 않을 정도로 글루텐이 아슬아슬하게 이어져 있는 반죽에 나타나는 특유의 현상이다.

나는 글루텐과 전분의 균형을 어느 정도로 맞출 것인지를 고민해 믹싱 방법을 결정하고 있다. 글루텐이 너무 두드러지지 않게, 전분으로 반죽의 골격을 세우고 싶을 때는 손으로 직접 반죽을 한다. 단, 믹서를 이용하는 반죽도 글루텐을 최대한 발달시킨 다음, 그렇게 형성된 글루텐을 조금 파괴시킨 정도의 질감을 선호한다. 마지막에 반죽을 맛보면 반죽의 상태를 잘 알 수 있다. 잘 만들어진 반죽은 부드럽고 윤기가 난다. 완성된 반죽이 맛있으면 대부분 구웠을 때 빵 맛도 좋다.

반죽을 만드는 첫걸음이자 빵 맛을 거의 결정하는 중요한 과정

호밀 플레이크나 볶은 보리는 뜨거운 물에 불린 뒤에 첨가한다.

반죽을 시작하는 단계에서는 질감이 거칠다.

반죽을 끝마쳤을 때 형성되는 기포.

물 첨가

먼저 반죽의 골격을 만들고,
마지막에 물을 첨가해 흡수율을 향상시킨다

흡수율이 약 100%인 '팽 스톡' 빵을 비롯해 이 책에서 소개하는 대부분의 반죽은 물을 많이 넣어서 만든다. 입 안에서 살살 녹는 촉촉한 빵을 만들고 싶기 때문이다. 반죽이 수분을 자연스레 머금을 수 있도록 물의 일부를 믹싱 후반에 첨가하고 있다.[1]

처음에 수분량을 적당히 하고 믹싱을 시작한 다음, 글루텐이 충분히 형성된 후에 물을 더 첨가하면 생각보다 많은 양의 수분이 섞인다. '흡수 110%'라고 하면 물이 굉장히 많은 것처럼 들리지만, 실제로 반죽을 지켜보면서 눈대중으로 '조금만 더……조금만 더……' 하고 물을 더 추가한 결과, 흡수율이 더 올라간 레시피도 꽤 있다. 배합이나 공정을 결정할 때, 수치가 주는 인상에 얽매이지 말고 눈앞에 놓인 반죽을 지켜보면서 최적의 비율을 찾는 것이 매우 중요한 것 같다.

처음에 수분을 적게 넣으면 글루텐이 빠르게 형성되어 전체적인 믹싱 시간을 단축할 수 있다. 이러한 점도 매일 가게를 운영해야 하는 입장에서는 상당히 큰 장점이다.

[1] 믹싱을 할 때는 흡수가 빠른 글루텐에 수분이 가장 먼저 들어가고, 그 다음에 전분으로 들어갑니다. 그러므로 후반에 흡수를 늘리는 것이 합리적입니다. (후지모토)

펀치(가스 빼기)

손으로 직접 반죽의 상태를 확인하면서
글루텐의 강도와 질을 조정한다

믹싱을 마치고 난 반죽은 대부분 펀치 작업을 한 후에 발효시킨다. 펀치 작업은 글루텐을 활성화하고, 글루텐의 방향이나 강도를 조정하는 등 여러 목적이 있다. 우리 가게에서는 반죽에 탄력을 얼마나 주고, 반죽이 세로 방향으로 얼마나 부풀었으면 하는지에 따라 펀치 방법을 달리하고 있다(자세한 내용은 P.290 ~ 296). '팽 스톡' 빵의 반죽은 탄력은 더하지 않으면서도 구웠을 때 잘 부푸는 반죽을 만드는 펀치 방법을 사용한다. 반죽 전체를 위쪽으로 잡아당긴 다음, 접지 않고 그대로 떨어뜨리면 글루텐의 신장성이 좋아진다고 한다. 또 펀치 작업에는 반죽을 손으로 직접 치대면서 반죽의 강도나 상태를 감각적으로 확인하는 의미도 있다. 반죽이 다소 뻑뻑하게 느껴질 때는 펀치 작업 중에 물을 살짝 보충해 주기도 한다.

어떤 작업이든 나는 수작업으로 하는 편이 더 정밀도가 올라간다고 생각한다. 매일 똑같은 반죽을 주물러 빵을 굽고 직접 맛보는 일을 반복하다 보면 '아, 이 정도면 맛있게 나오겠구나.'라는 기준치를 저절로 알게 될 것이다.

발효

빵에는 '발효' 과정이 빠질 수 없다. 우리 가게에서는 기본적으로 반죽에 극히 적은 양의 발효종이나 이스트를 첨가하고 있다. 가급적 그 안에 살아 있는 미생물의 작용을 충분히 활용해서 반죽에 들어간 재료의 자연적인 성분에서 다채로운 풍미를 끌어내길 원하기 때문이다.

그렇지만 효모나 유산균은 살아 있는 생물이므로 반죽을 발효시키는 동안, 그 누구도 그들의 움직임을 완전히 통제하지는 못한다. 그렇기에 빵을 만들 때마다 발효종의 상태나 공방의 환경 등 인간이 개입하지 못하는 갖가지 요소의 영향을 받을 수밖에 없는 것이 제빵사의 숙명이다. 최대한 빵을 맛있게 구울 수 있는 환경을 갖추고 난 다음에는 반죽 안에 어떠한 생태계가 조성되어 어떤 균이 얼마만큼 활성화될지……미생물들의 작용에 맡기는 수밖에 없다. 그렇다고 그저 내버려 두라는 의미는 아니다. 반죽을 잘 살피면서 최적의 타이밍에 반죽이 더 나은 방향으로 나아가게 도울 수는 있다. 반죽에 어떤 일이 벌어지고 있는지 정확하게 파악해 그때그때 더 나은 대책을 찾는 것이 우리 제빵사가 해야 할 일이라 생각한다.

○ 발효 전　　　　　　　　　　　　○ 발효 후

'팽 스톡' 빵 반죽의 발효 전(왼쪽)과 발효 후(오른쪽)의 모습. 기포가 보글보글 올라온 모습은 그대로지만, 반죽 자체는 1.2배 정도 부풀어 있다.

3장에서 자세히 다루겠지만, 나는 스승이신 시가 가쓰에이 씨의 바게트를 처음 맛보았을 때 느낀 놀라움과 감동을 지금도 생생히 기억하고 있다. 그 바게트를 만들 때 사용된 '18℃, 습도 70%, 하룻밤'이라는 장시간 발효 기법은 지금 우리 팽 스톡에서도 사용하고 있는 기본적인 발효 기법이다. 15~18℃는 효모, 유산균, 효소가 균형적으로 작용하면서 저마다 감칠맛과 단맛을 끌어내어 빵 맛을 좋게 하는 온도라 생각한다.

전날 반죽을 미리 만들어 하룻밤 동안 발효시킨 다음 날 아침부터 굽기 시작하기 때문에 새벽 다섯 시부터

일을 시작해도 일곱 시쯤에는 빵이 조금씩 구워져 나온다. 한밤중에 일을 시작하기 않아도 된다는 것이 이 기법의 또 다른 장점이다. 일찍 일어나는 것을 힘들어하는 나로서는 새벽 다섯 시도 충분히 이른 시간이기 는 하지만.

눈에 보이지 않는 발효가 진행되는 동안, 어떤 일이 일어나고 있는지 알고 싶어 그동안 많은 공부를 해 왔 다. 그리고 지금도 여전히 매일 빵을 만들면서 '왜 이렇게 된 거지?' 하고 고민하거나 '다음에는 이렇게 해 볼까?'라는 식으로 시행착오를 반복하고 있다.

미생물들의 힘을 빌려 빵을 맛있게 변신시킨다.
'발효'는 제빵사가 평생 풀어 나가야 할 과제다.

분할

성형을 통해 반죽 표면과 글루텐의 방향을 정돈한다.
무성형 반죽은 발효 후의 기포와 글루텐이 빵에 그대로 남는다.

'팽 스톡' 빵은 제대로 된 성형 작업을 거치지 않는다. 그저 반죽을 분할한 다음 중량을 확인해 틀에 넣는 게 전부다.

글루텐 섬유의 방향을 고려해서다. 둥글게 성형하려면 반죽을 안쪽으로 말아야 하기 때문에 글루텐도 말린다. 그러면 섬유 방향이 원을 그리는 형태가 된다. 이대로 반죽을 구우면 반죽에 들어 있는 탄산가스가 글루텐의 그물 구조를 팽창시켜 반죽이 전체적으로 고르게 둥근 모양으로 부풀 것이다. 물론 그렇게 둥글게 부풀려야 할 빵도 있다.

하지만 팽 스톡 빵처럼 반죽을 분할해서 그대로 오븐에 넣으면 글루텐 섬유가 직선 상태를 유지하기 때문에 탄산가스가 반죽을 수직으로 들어 올려 반죽이 반듯하게 위로 부풀어 오른다. 게다가 믹싱 직후의 매끈해진 반죽의 결이 빵의 단면에 고스란히 반영된다. 나는 이처럼 매끈한 단면을 참 좋아한다. 이처럼 분할 후 따로 성형 작업을 거치지 않는 빵은 반죽 속 글루텐을 주무르지 않는 것이 목적이므로 분할 작업을 할 때 날카로운 스크레이퍼를 이용해 가급적 한 번에 알맞은 크기로 자르도록 하자.

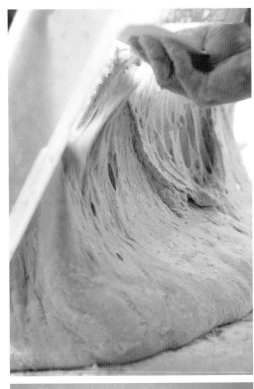

최종발효

저배합 반죽, 소프트 타입 반죽, 고배합 반죽.
최종발효를 판별하는 기준은 반죽에 따라 다르다

분할이나 성형 작업을 할 때, 확실한 형태를 잡는 빵은 물론이고 '팽 스톡'처럼 성형을 하지 않는 빵도 어느 정도는 글루텐이 자극을 받아 반죽이 수축된다. 반죽을 구울 때 오븐 안에서 잘 부풀도록 각 빵에 알맞은 포인트까지 반죽을 부풀리거나 이완시키기 위한 공정이 최종발효다.

팽 스톡이나 루스티크(rustique)처럼 저배합 반죽을 수직으로 부풀리고 싶은 빵은 분할 후에 상온에 두어 반죽을 이완시킨다. 이제 구워도 될까 아니면 더 기다려야 할까? 이는 반죽의 부피가 아니라 팽팽한 정도를 보고 판단한다. 글루텐이 딱 알맞게 이완된 상태에서 구우면 오븐의 열기에 반죽이 단숨에 부풀어 올라 맛있는 빵이 완성된다.

반면 식빵이나 디저트용 빵처럼 폭신폭신하게 부풀리고 싶은 반죽은 32℃의 도우컨디셔너에 넣어 데우다가 부피가 늘어나면 굽는다. 최종발효나 벤치 타임 중에 반죽을 충분히 데우는 이유는 조금이라도 더 가벼운 식감을 주기 위해서다. 단, 버터가 많이 들어간 고배합 반죽은 반죽의 온도를 높이면 버터가 녹아서 반죽이 흐물흐물해지기 때문에 상온에서 서서히 최종발효를 시키고 있다.

칼집 내기 & 굽기

수분이 많은 부드러운 반죽은
고온에서 구워 단숨에 부풀린다

최종발효를 마치면 드디어 오븐이 나설 차례가 된다. 최종발효 때 사용한 틀을 거꾸로 뒤집어 '팽 스톡' 빵 반죽을 베이킹 필(baking peel)에 옮긴다. 이때 애써 이완시킨 반죽 속 글루텐을 자극하지 않도록 주의하자. 또 반죽에 손상을 입혀 가스가 빠져나가지 않도록 반죽을 조심히 다룬다.

그런 다음 반죽에 십자 모양으로 깊게 칼집을 낸다. '팽 스톡'처럼 수분이 많은 반죽은 고온에 구워 반죽 안에 발생하는 수증기를 적절히 빠져 나가게 하지 않으면 크럼(빵의 속살 부분)이 축축해지기 때문이다. 깊게 칼집을 내어 수증기가 지나는 길을 만들면 열기가 골고루 전달되어 위로 올라가려고 하는 수증기의 힘이 반죽을 들어 올리면서 반죽이 수직 방향으로 잘 부푼다.[1]

참고로 팽 스톡이나 바게트 같은 저배합 빵을 구울 때는 굽기 전에 스팀을 한 번 가하고 있다. 덧가루를 골고루 묻힌 크러스트(빵의 껍질 부분)는 거친 인상을 주지만, 칼집을 낸 부분은 이와는 대조적으로 반질반질한 느낌을 주어 매력적이다.

[1] 반죽을 구울 때는 글루텐에 열변성이 일어나 글루텐 내부에 있던 수분의 일부가 열에 의해 알파화된 전분으로 이동함으로써 빵과 같은 식감이 생깁니다. 팽 스톡처럼 수분을 많이 흡수하는 반죽은 이러한 현상 때문에 오븐에 구웠을 때 더 잘 부푸는 것일 수도 있습니다.(후지모토)

CHAPTER
2

과일과
견과류가 들어간
팽 스톡

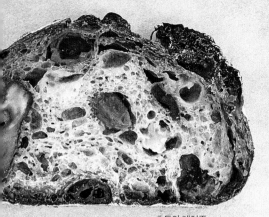

호두와 레이즌

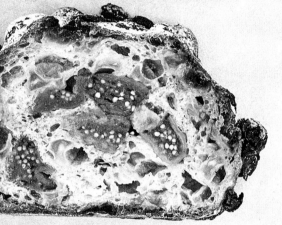

무화과와 머스캣

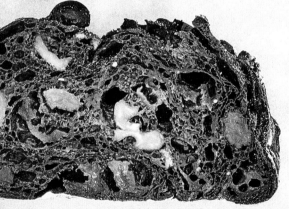

카카오 루즈 쇼콜라

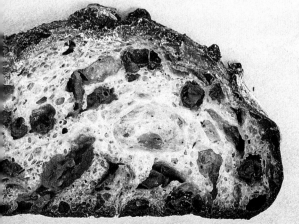

크랜베리와 프룬과 커런트(씨 없는 건포도)

'팽 스톡' 반죽은 건과일이나 견과류를 섞어 발효시켜도 맛있다. 과일이나 견과류가 들어간 빵을 만들 때는 무엇보다 빵에 넣을 재료의 맛이 좋아야 한다. 그래서 그대로 먹어도 충분히 맛있는 재료들을 잘 선별한 다음, 반죽의 30~50%에 해당하는 양을 넣어 배합한다. 완성된 빵은 과일이나 견과류가 전체적인 골격을 이루고, 반죽이 그 사이로 이어지는 형태를 이룬다.

이러한 빵을 만들 때 건과일은 따로 손질하지 않고 그대로 반죽에 섞도록 하고 있다. 과일이 지닌 고유의 맛을 그대로 살리고 싶기 때문이다. 반죽과 과일이 모두 촉촉한 식감을 낼 수 있도록 배합할 재료는 믹싱 작업 전에 미리 물에 불린 다음, 물기를 머금은 상태 그대로 반죽과 섞어 흡수율을 높인다. 또 재료를 배합할 때는 과일이 뭉개지지 않도록 손으로 부드럽게 섞는다. 반죽 속 글루텐이 다소 끊어질 수 있지만 그 점은 너무 신경 쓰지 말고, 고르게 섞는다.

장시간 발효를 거치는 동안, 반죽 속 수분이 과일에 흡수되면서 과육 자체는 쫀득쫀득해진다. 반면 과일의 단맛이나 향, 견과류의 유지는 반죽에 녹아들기 때문에 반죽 자체에도 과일이나 견과류의 은은한 풍미가 스민다. 그리고 반죽에 넣는 재료나 반죽 모두 물기를 머금어 식감 또한 전체적으로 촉촉해진다. 이렇게 서로 영향을 주고받으며 변화하는 과정에서 일체감이 생기는데 이렇게 만들어진 빵은 단순히 '건과일이나 견과류가 들어간 빵'과 확연히 차이를 보인다. 오랜 시간에 걸쳐 '발효'라는 과정을 거치기에 느낄 수 있는 맛이 아닐까 싶다.

믹서를 이용해 카카오파우더나 초콜릿 칩을 함께 섞은 '카카오 루즈 쇼콜라'는 그런 장시간 발효의 힘을 활용한 조합이다. 카카오가 지닌 특유의 맛을 빵으로 잘 표현하려고 노력한다. 반죽을 구우면 크랜베리와 술타나 레이즌(sultana raisin)의 새콤달콤한 맛과 카카오 향이 빵 전체에 은은하게 퍼지고, 초콜릿 칩이 녹아 일반 팽 스톡보다 한층 부드러운 빵이 완성된다.

반죽에 과일을 섞을 때는 맛 자체가 다른 재료와 잘 어우러지는지도 고려해야 하지만, 파인애플처럼 효소가 많은 과일은 특히 주의해야 한다. 효소가 많은 과일은 반죽 속 글루텐을 분해해 버리므로 장시간 발효에 적합하지 않을 수 있다.

또 재료에 따라 레시피도 달라질 수 있다. 예를 들자면 물의 양이 그렇다. 호두는 수분을 많이 빨아들이기 때문에 호두를 넣는 반죽은 나중에 첨가할 물의 양이 늘어난다. 반대로 프룬은 아무리 '말렸다고' 해도 과육에 수분이 많이 남아 있기 때문에 물의 양을 줄여야 한다. 나도 빵을 여러 번 만들어 보면서 최적의 비율을 찾아냈다.

과일과 반죽이 지닌 특유의 맛이 발효 과정 중에 섞이게 된다.
오랜 시간을 들여 빚어내는 맛

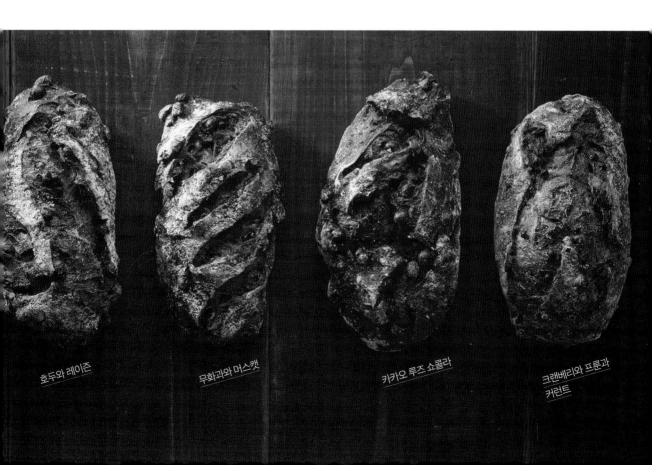

호두와 레이즌　　무화과와 머스캣　　카카오 루즈 쇼콜라　　크랜베리와 프룬과
커런트

호두와 레이즌
무화과와 머스캣
크랜베리와 프룬과 커런트

재료

호두와 레이즌

팽 스톡 반죽…7700g

그린 레이즌(green raisin)
…1400g

술타아너 레이즌…1000g

호두…400g

물…1600g

완성된 반죽의 양=12100g

무화과와 머스캣

팽 스톡 반죽…2600g

그린 레이즌…1000g

반건조 무화과(반죽에 섞을 것)
…100g

물…500g

반건조 무화과(반죽으로 감쌀 것)
…100g

완성된 반죽의 양=4200g

크랜베리와 프룬과 커런트

팽 스톡 반죽…7700g

건크랜베리…800g

커런트…1000g

프룬…1000g

물…800g

완성된 반죽의 양=11300g

◇ 발효 전

◇ 발효 후

호두와 레이즌

무화과와 머스캣

크랜베리와 프룬과 커런트

다른 재료를 첨가해서 반죽이 무거워지므로 발효 후에는 약 1.2배 정도 부푼다. 부피가 크게 차이 나지는 않는다. 첨가하는 재료의 크기가 큰 '무화과와 머스캣'은 거의 변화가 없다.

PROCESS

세 가지 빵에 공통적으로 적용

Preparation 준비
반죽에 섞을 건과일이나 견과류를 30분 정도 정해진
분량의 물에 불려 둔다.

Hand Mixing 손 반죽
반죽을 도우박스에 넣는다. 과일, 견과류, 물을 반죽
위에 넓게 뿌린다. 사방에서 반죽을 들어올려 과일과
견과류 위에 덮고, 여러 번 접어서 반죽과 과일, 견과
류를 섞는다. 이때 반죽이 끊어져도 상관없으니 최대
한 짧은 시간 내에 골고루 섞는다.
완성된 반죽의 온도는 21~23℃

Floor Time 플로어 타임
상온에서 1시간

Stretch 펀치
펀치1(→P.290)

Bulk Frementation 발효
18℃, 습도 70%, 하룻밤

Dividing 분할
호두와 레이즌 350g
무화과와 머스캣 400g
크랜베리와 프룬과 커런트 350g

Shaping 성형
르방 성형(→P.305)
'무화과와 머스캣'은 이때 반건조 무화과 100g을 넣
고 반죽으로 감싼다.

Final Rise 최종발효
상온에서 30~40분

Slashing 칼집 내기
호두와 레이즌 350g 대각선 3개
무화과와 머스캣 400g 대각선 4개
크랜베리와 프룬과 커런트 X자

Baking 굽기
윗불 250℃, 아랫불 230℃, 40분

과일이나 견과류를 첨가한 다음
손으로 부드럽게 섞는다

1-3   반죽으로 재료를 감싼 다음, 여러 번 늘였다 접기를 반복하며 섞는다(1~3)

4   재료가 고르게 섞이면 손 반죽이 끝난다.

5   발효를 마치면 반죽과 재료가 잘 어우러진다.

6   분할할 때는 반죽에 부담이 가지 않게 덧가루를 충분히 사용한다.

7   8   9

7   '무화과와 머스캣'은 성형할 때도 무화과를 넣어 한 번 만다.

8   과일이나 견과류에까지 칼집을 낸다는 느낌으로 톱날칼을 사용한다.

9   다 구워진 모습. 치즈를 싸는 식으로 변형을 가하기도 한다.

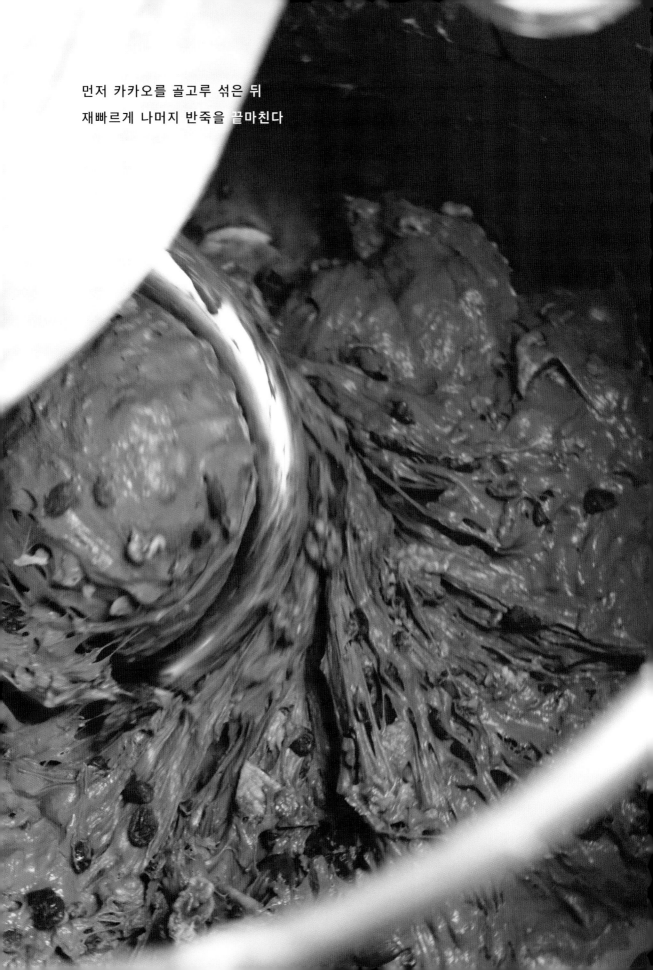

먼저 카카오를 골고루 섞은 뒤
재빠르게 나머지 반죽을 끝마친다

카카오 루즈
쇼콜라

재료

팽 스톡 반죽…4560g

┌ 카카오파우더…150g

└ 뜨거운 물…300g

호두… 700g

술타아너 레이즌…540g

크랜베리…540g

반건조 무화과…200g

초콜릿 칩(大)…100g

초콜릿 칩(小)…100g

물…700g

완성된 반죽의 양=7890g

Process

Preparation 준비
*카카오파우더를 뜨거운 물에 녹여 둔다.
*호두와 건과일을 30분 정도 정해진 분량
 의 물에 불려 둔다.

Hand Mixing 손 반죽
팽 스톡 반죽과 카카오파우더↓→L2~3→나
머지 재료↓→L1~2
완성된 반죽의 온도는 21~23℃

Floor Time 플로어 타임
상온에서 45분

Stretch 펀치
펀치1(→P.290)

Bulk Frementation 발효
18℃, 습도 70%, 하룻밤

Dividing 분할
220g

Shaping 성형
르방 성형(→P.305)

Final Rise 최종발효
상온에서 1시간

Slashing 칼집 내기
대각선 2~3개

Baking 굽기
윗불 250℃, 아랫불 230℃, 35분

◇ 발효 전

◇ 발효 후

P.76의 세 가지 빵과 마찬가지로 부피는 크게 차이 나지 않는
다. 발효 후에는 발효 전보다 1.2배 정도 부푼다.

1~3   반죽과 카카오파우더가 고르게 섞이면(1, 2) 나머지 재료를 모조리 넣는다(3).

4   과일이나 견과류가 뭉개지지 않도록 잘 섞이면 믹싱을 끝마친다.

5~6   P.76의 세 가지 빵과 마찬가지로 분할 후에 둥글리기를 하지 않고 성형한다.

7

8

9

7 상온에서 반죽이 이완될 때까지 최종발효를 한다.

8-9 과일이 많이 들어가 있으므로 반죽에 칼집을 또렷하게 내어 굽는다.

CHAPTER
3

바게트에
대한 생각
(두 가지 바게트)

밀가루, 소금, 물, 효모로 이루어진 단순한 빵이지만, 무한한 가능성이 있는 빵

바게트는 매우 단순한 재료로 구성된 빵이다. 하지만 바게트만큼 제빵사의 생각이 많이 드러나는 빵이 없다. 빵집에서 일하기 시작했을 당시, 나에게 바게트는 그저 '소금 맛이 전부인 빵'이라는 이미지밖에 없었다. 휴일에 시내를 돌아다니며 여러 빵집의 바게트를 맛보기는 했지만, 기존의 이미지에서 크게 벗어나지는 않았다. 그래서 빵을 만드는 일을 시작한 지 삼 년째가 되던 해, 처음으로 저온 장시간 발효한 바게트를 맛본 순간 느낀 놀라운 감정이 지금도 생생히 기억난다.

"바게트가 달잖아!"

밀가루, 소금, 물, 효모만으로 이렇게나 깊은 맛을 표현할 수 있다니……. 그 이유가 뭘까? 빵은 단순한 반죽 속에 무한한 가능성을 내포하고 있었다는 것을 깨달았다. 내가 빵을 만드는 일에 본격적으로 뛰어든 것이 아마 이때부터였을 것이다. 훗날 그 바게트를 만든 장본인인 시가 가쓰에이 씨 밑에서 일하게 되었고, 그때 배운 제빵 기술이 지금도 팽 스톡의 특징 중 하나가 되었다.

이스트의 양을 줄이고 반죽을 저온에서 장시간 발효시키는 과정에서 반죽 안에 살아 있는 다양한 미생물과 효소가 작용해 밀가루의 단맛과 다채로운 풍미를 만들어 낸다.

이러한 작용을 이용해 가급적 손을 대지 않고 밀가루가 지닌 고유의 맛을 이끌어 내고자 만든 것이 바로 '레트로 바게트'의 레시피다. 글루텐의 형성을 억제해서 진한 단맛과 감칠맛을 느낄 수 있다. P.83의 단면에서도 알 수 있듯이 기포막이나 크러스트가 조금 두껍게 형성되어 있어 씹는 맛이 일품이다.

반면 P.84에 단면을 실은 '19세기 바게트'는 장시간 숙성시켜 나온 풍미를 남기면서도 좀 더 가벼운 식감을 느낄 수 있게 했다. 하드 계열의 빵은 기본적으로 요리에 곁들이는 빵이기 때문에 단순히 맛만 있어서는 안

되기 때문이다. 빵 자체의 맛에 너무 집중하면 고기나 생선과 잘 어울리지 않을 수 있다. 개성적이면서도 어느 정도 빈틈이 보여야 하는, 그런 전체적인 균형을 고려해 개발한 레시피가 바로 '19세기 바게트'다. 이 빵은 장시간 숙성을 거쳐 생성된 다채로운 풍미와 식사에 곁들이기 좋은 적절한 식감과 볼륨감이 공존할 뿐만 아니라 껍질이 얇고 바삭하다. 우리 가게에서 부동의 인기를 자랑하는 '명란 프랑스' 빵도 19세기 바게트로 만들고 있다.

손 반죽과 장시간 숙성을 통해
밀가루의 감칠맛을 표현한다

단맛과 감칠맛이 진하게 남는 규슈산 돌맷돌로
간 밀가루와 기타노카오리, 돌맷돌로 간 프랑스
유기농 밀가루, 이렇게 세 가지 밀가루에 소금,
물, 이스트만을 첨가해 만든다. 들어가는 재료는
단출하지만, 재료 하나하나에 신경을 썼다. 손
반죽을 마친 뒤에는 최대한 반죽에 손을 대지
않은 채로 구워 내어 장시간 발효시킨 밀가루의
맛을 있는 그대로 표현한다.

레트로
바게트

재료 (밀가루 2kg 분량)

물레방아표 1000g

기타노카오리 600g

BIO T65 400g

소금 36g

이스트 0.5g

물 1700g

완성된 반죽의 양=3736.5g

Process

Hand Mixing 손 반죽
재료를 전부 볼에 넣고 아래에서부터 퍼내
듯이 골고루 섞는다.
완성된 반죽의 온도 21~23℃

Stretch & Fold 펀치
손 펀치 총 세 번
반죽을 완성한 후 한 시간 뒤 한 번
30분 뒤 한 번
30분 뒤 한 번

Bulk Frementation 발효
18℃, 습도 70%, 하룻밤

Dividing 분할
300g

Preshaping 둥글리기
두 겹으로 접기

Shaping 성형
레트로 바게트 성형(→P.309)

Rest 벤치 타임
상온에서 20분

Slashing 칼집 내기
대각선 5개

Baking 굽기
윗불 270℃, 아랫불 250℃, 30분

◇ 발효 전

◇ 발효 후

발효를 마친 반죽은 발효 전보다 1.5배 가량 부푼다. 이 반죽은
글루텐이 약하기 때문에 많이 부풀지 않는다.

**탄력 있는 반죽과 장시간 숙성을 통해
맛과 식감을 모두 잡았다**

제분 횟수나 회분량으로 변화를 준 다섯 가지의 일
본산 밀가루를 사용해 밀가루의 깊은 풍미를 표현
한 바게트다. 밀가루의 다채로운 풍미는 배합과 장
시간 발효 과정을 통해 이끌어 낸다. 크러스트가 얇
고 식감이 좋아 먹기 편한 가벼운 반죽을 만들기 위
해 믹싱이나 성형, 최종발효 등 다른 과정에서 반죽
의 탄력을 끌어올렸다.

19세기
바게트

재 료 (밀가루 16kg 분량)

프라무 6000g

물레방아표 4000g

기타노카오리 블렌드 3000g

기타노카오리 T85 2000g

하루유타카100 1000g

소금 288g

┌이스트 6g

└미온수(40℃) 320g

(미리 이스트를 녹인다)

몰트 40g

물 11810g

첨가할 물 200g

완성된 반죽의 양=28664g

Process

Mixing 반죽
첨가할 물 이외의 재료↓→L4→정지 10분
→L6·ML4→온도 측정→물 첨가↓↓↓→L2~3
완성된 반죽의 온도 21~23℃

Punching 믹서볼 안에서 펀치
반죽을 그대로 믹서볼에 5분 정도 둔다.
마지막에 수동으로 한 번 회전시킨다.

Stretch 펀치
펀치1(→P.290)

Bulk Frementation 발효
18℃, 습도 70%, 하룻밤

Dividing 분할
200g

Preshaping 둥글리기
식빵 둥글리기2(→P.303)

Rest 벤치 타임
32℃, 습도 78%, 1시간

Shaping 성형
19세기 바게트 성형(→P.312)

Final Rise 최종발효
32℃, 습도 78%, 1시간

Slashing 칼집 내기
세로 1개

Baking 굽기
윗불 270℃, 아랫불 240℃, 30분

◇ 발효 전

◇ 발효 후

발효 후에는 발효 전보다 반죽이 두 배 가량 부푼다. 하룻밤 동안 발효를 시켜도 반죽의 탄력이 그대로 유지된다.

레트로 바게트의 믹싱과 펀치

글루텐은 가급적 최소한으로

시간과 펀치 작업으로 반죽을 연결한다

1 2 3

1~4   모든 재료를 볼에 넣고 밑바닥에서부터 퍼 올리듯이 손으로 반죽한다. 가루가 남지 않을 때까지
       골고루 섞어서 반죽한다(1~4).

4
5
6

7
8
9

5-6   1시간 후, 첫 번째 펀치를 한다. 스크레이퍼를 이용해 볼의 바닥부터 반죽을 퍼 올려 중앙으로 접
        는다. 처음 펀치를 할 때는 반죽이 그다지 늘어나지 않는다.

7-9   30분 간격으로 두 번째, 세 번째 펀치를 한다. 7은 세 번째 펀치를 하기 전, 8은 세 번째 펀치를 마
        친 모습이다. 시간이 지나면서 반죽이 점차 매끄러워지고 윤기가 생겨서 반죽을 뜨면 잘 늘어나
        게 된다. 9는 펀치를 모두 마친 상태다.

19세기 바게트의 믹싱과 펀치

장시간 발효 후에도 탄력을 유지하는
강한 반죽을 만든다

<u>1</u> <u>2</u> <u>3</u>

1-2 첨가할 물을 제외한 나머지 재료를 전부 믹서볼에 넣고 저속으로 믹싱을 한다. 고르게 섞였을 때
쯤 10분 정도 두어 수화를 촉진한다.

3-5 믹싱 전반에 글루텐을 충분히 형성시킨 다음, 물을 세 번에 나누어 넣으며 믹싱한다. 믹싱을 마친
반죽은 하나로 잘 뭉쳐질 만큼 탄력이 있어서 믹싱볼에 달라붙지 않고 깔끔하게 떨어진다.

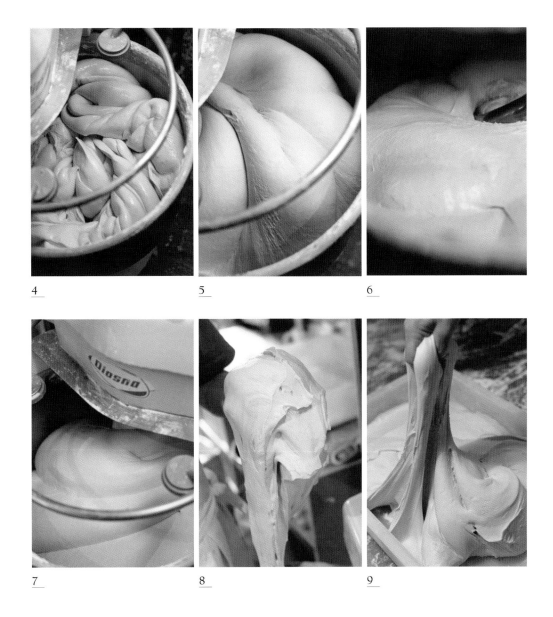

4   5   6

7   8   9

6-8 믹싱을 마치고 5분이 지난 후에 수동으로 믹서를 1회전한 다음, '믹서볼 안에서 펀치'를 한 다음 꺼낸다.

9   30분 후에 펀치를 한다. 잘 늘어나는 반죽이 완성되도록 반죽을 수직으로 잡아당겼다가 접지 않고 그대로 손에서 떨어뜨리는 작업을 전체적으로 한다(자세한 내용은→P.290).

밀가루 선택

다양한 밀가루의 개성을 이용해 빵을 만든다

이 책에서 사용하는 밀가루는 대부분 일본, 그중에서도 주로 홋카이도와 규슈에서 생산된 제품들이다. 주로 아래에 나온 여섯 가지 항목을 고려해 밀가루를 블렌딩해서 반죽을 만들고 있다. 분류 기준은 오른쪽에 사진과 함께 소개한다.

1. 밀가루 품종에 따른 맛과 식감

단맛이나 향, 빵으로 만들었을 때의 식감 등을 뜻한다. 처음 사용해 보는 밀가루는 바게트처럼 심플한 빵을 먼저 만들어 그 밀가루가 지닌 개성을 확인해 본다.

2. 제분 방법·제분 횟수

곱게 간 것, 굵게 간 것, 돌맷돌로 간 것 등 밀가루의 제분 방법에 따라 구분해서 사용한다. 입자의 크기가 다른 밀가루를 섞어서 사용하면 식감에 변화를 줄 수 있다.

3. 회분

밀가루 제품명에 종종 붙는 'T100'이라는 표기는 회분을 나타내는 수치다. 회분을 퍼센트로 표기하는 경우를 포함해 수치가 높을수록 배아 부분이 많고, 깊은 맛이 난다. 전립분을 밀을 통째로 가루로 만든 것을 말한다.

4. 단백질량

일본산 제빵용 밀가루는 단백질량이 주로 10.5~12% 정도다. 단백질량이 많으면 그만큼 글루텐이 형성되기 쉬워 '강력도'가 향상되므로 제빵성이 좋은 것으로 본다.

5. 전분의 성질

씹히는 맛이나 쫄깃한 정도 등 밀가루에 포함된 전분의 성질에 따라 빵의 식감이 크게 달라질 수 있다.

6. 효소

밀가루 속에도 효소가 들어 있다. 특히 유기농 밀은 효소가 강하기 때문에 발효 중에 반죽을 녹일 수 있으므로 유기농 밀가루를 처음 사용할 때도 미리 빵을 한번 만들어서 특징을 파악한다.

* 이 책에 사용되는 밀가루 제품 목록은→P.32

'흰' 밀가루

정제도가 높은 '흰' 밀가루는 맛이 강하지 않고 사용하기 편하다. 사진 속 '유메무스비' 밀가루는 부드러운 풍미를 지닌 규슈산 '미나미노카오리'에 단백질량이 많이 잘 부푸는 홋카이도산 '유메지카라'를 블렌딩한 것이다.

'노란' 밀가루

대표적인 '노란색' 밀가루로는 사진 속 '기타노카오리'가 있다. 한눈에 확연히 차이를 알 수 있는 호카이도산 품종의 밀가루다. 미각적인 면에서도 쫄깃한 식감과 단맛 등 개성이 강하다. 이 밀가루로 만든 빵은 크럼도 독특한 크림색을 띤다.

'갈색' 밀가루

밀가루가 지닌 고유의 향과 진한 풍미를 느낄 수 있는 '갈색' 밀가루다. 사진 속 제품은 후쿠오카산 '미나미노카오리'를 돌맷돌에 간 '물레방아표(水車印)' 밀가루다. 굵게 간 밀가루는 공기를 머금고 있어 손으로 만졌을 때 가벼운 느낌이 난다. 곱게 간 밀가루는 밀도가 높아 손에 잘 들러붙는다.

전립분

밀의 겉껍질(기울)과 배아까지 전부 제분한 밀가루를 말한다. 식이섬유와 비타민이 풍부해서 깊은 맛이 나지만, 폭신폭신한 빵을 만들려면 연구가 필요하다. 덧가루로 사용하면 향을 더할 수 있어 좋다. 사진 속 제품은 '물레방아표' 전립분이다.

프랑스산 밀가루

이 책에 소개한 레시피에 등장하는 유일한 수입 밀가루는 사진 속 제품인 'BIO T65'다. 돌맷돌로 간 프랑스산 밀가루지만 일본 유기제품 인증(JAS, Japanese Agricultural Standard)을 취득한 제품이며, 연한 크림색을 살짝 띤다. 빵을 만들면 깔끔한 단맛을 낸다.

호밀가루

굵게 간 전립분과 곱게 간 호밀가루 두 종류를 사용한다. 굵게 간 전립분은 사워종을 만들 때 사용한다. '팽 스톡' 등의 빵 반죽에는 곱게 간 호밀가루를 사용한다.

레트로 바게트의 분할부터 굽기까지

발효를 마친 레트로 바게트 반죽은 필요 이상으로 글루텐을 형성하지 않고, 반죽이 손상되지 않도록 조심스럽게 작업을 진행한다. 우선 분할 작업에서는 나중에 성형하기 쉽도록 사각형으로 자른다. '둥글리기'를 대신해서 분할한 반죽을 그대로 두 겹으로 접는다. 성형 작업을 할 때도 가급적 반죽에 자극을 가하지 않고 반죽을 조심스럽게 접어 형태를 잡은 다음, 반죽이 지닌 고유의 힘과 무게를 이용해 가늘고 길게 바게트의 형태를 다듬어 나간다. 최종발효 단계에서도 일반적인 발효 과정을 거치지 않는다. 상온에 잠시 두어 성형 작업 중에 수축된 반죽이 이완되면 오븐에 넣는다. 발효 중에 전분이 분해되어 생성된 당분이 바게트 표면에서 캐러멜화해서 달콤하고 향긋한 향을 낸다.

가급적 힘을 가하지 않고
반죽이 지닌 고유의 맛을 이끌어 내어 굽는다

1   2   3

1   볼을 뒤집어 발효가 끝난 반죽을 작업대 위에 옮기면 반죽이 자연스럽게 넓게 퍼진다. 가급적 네 모나게 퍼지도록 손을 댄다.

2   분할할 때는 최대한 사각형에 가깝게 자른다. 이 작업을 하면 반죽에 최대한 부담을 가하지 않고, 나중에 성형하기도 쉬워진다(자세한 분할 방법은→P.297).

3-4   분할 후에는 둥글리기 대신 두 겹 접기를 한다. 이음매가 보이지 않는 부분이 위로 오게 한다

4   5   6

7   8   9

5~7   성형은 먼저 아래쪽부터 3분의 2를 위쪽으로 접은 다음(5), 위쪽에서 아래쪽으로 3분의 2를 다시
             접는다(6). 마지막으로 위쪽 끝을 아래쪽 끝에 겹치듯이 접은 다음, 밀착시킬 부분만 꾹 눌러서
             여민다(7·자세한 성형 방법은→P.309)

8~9   이음매 부분이 바닥에 가게 한 다음 가볍게 밀어 봉 형태를 만든다. 반죽 자체의 무게를 이용해
             형태를 정리한다는 느낌으로 힘을 가하지 않고 가볍게 민다

<u>10</u> <u>11</u> <u>12</u>

10-11   성형 작업을 마친 후에는 상온에 20분만 둔다. 굽기 전에 반죽은 그리 부풀지 않으며, 평평한 봉
        상태의 형태를 유지할 정도로 부드럽다(10). 칼집을 내어 굽는다(11). 칼집을 낸 부분이 잘 일어날
        때까지 굽는 것이 이상적이다. 잘 구워진 빵은 밀가루의 달콤한 향이 풍긴다(12).

19세기 바게트의 분할부터 굽기까지

19세기 바게트는 일반적인 바게트와는 달리 좌우를 접어 둥글게 마는 '식빵 둥글리기' 방식을 사용하고 있다. 여기서 내층을 겹쳐 볼륨감을 주고, 벤치 타임과 최종발효 과정에서 반죽을 도우컨디셔너에 넣고 반죽의 온도를 높여 반죽을 부풀린다. 성형할 때도 힘을 충분히 가해서 양끝이 가느다란 바게트 형태를 만든다. 반죽이 가볍게 부풀도록 각 공정마다 필요한 노력을 기울인다.

칼집은 세로로 길게 한 개를 넣기 때문에 굽는 동안 반죽의 중앙 부분이 벌어지면서 볼록하게 부풀어 볼륨감이 한 층 생긴다. 식감이 좋은 중앙부의 크럼과 마치 크래커처럼 향긋한 양끝의 크러스트 부분의 차이를 즐길 수 있다.

'가벼운 식감'을 낼 수 있도록

전 공정을 짠다

1 2 3

1-2	발효가 끝난 뒤, 도우박스에서 작업대로 옮긴 반죽은 두텁고 탄력이 있다. 최대한 사각형 모양에 가깝게 분할한다.
3-4	둥글리기 방법은 반죽을 좌우에서 접은 다음, 아래쪽에서부터 둥글게 마는 '식빵 둥글리기'(자세한 내용은→P.302)다. 이 단계에서부터 층을 겹쳐 반죽을 가볍게 부풀린다.

4

5

6

7

8

9

5   둥글리기를 마친 반죽을 도우컨디셔너에 넣어 벤치 타임을 갖는다. 반죽의 온도를 높여 반죽을 이완시키는 동시에 부풀린다.

6-9   성형을 할 때는 먼저 세 겹 접기를 한 다음, 위쪽에서 아래쪽으로 반죽을 접고 양끝을 눌러 여민다. 이음매가 아래로 가게 놓은 다음, 중앙은 두껍고 양끝으로 갈수록 점점 가늘어지도록 가볍게 압력을 가하면서 반죽을 굴린다(자세한 내용은 →P.312). 성형할 때도 반죽이 자극되어 탄력이 증가한다.

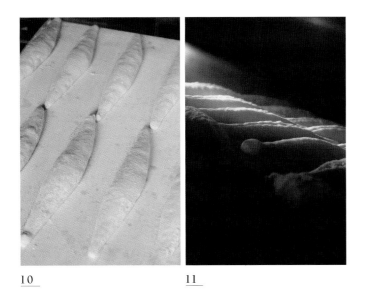

10   11

10   최종발효는 도우컨디셔너에서 데운다. 발효를 마친 반죽은 부풀어서 팽팽해진다.

11   굽는 도중에 세로로 길게 넣은 칼집이 벌어지면서 중앙 부분이 봉긋하게 부풀어 식감이 가벼워
      진다. 가늘게 만 양쪽 끝부분은 바삭바삭하고 고소하게 구워진다.

12

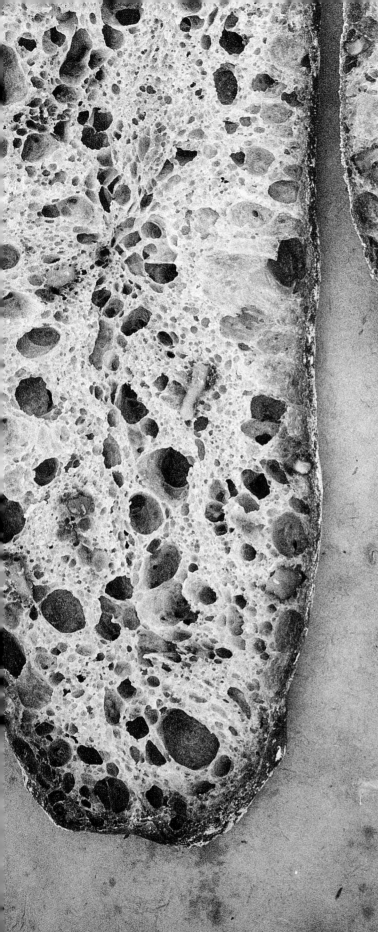

바게트 반죽에 호두의 맛과
유지가 은은하게 스며든다

팽 스톡에서 판매하는 '호두빵'은 미리 만들어 놓은 19세기 바게트 반죽에 호두를 섞어서 만든다. 이 빵에 대한 내용은 2장에서 소개한 '과일과 견과류를 넣은 팽 스톡' 빵과 비슷하다. 반죽에 호두와 물을 섞어 하룻밤 발효시킨다. 호두의 풍미가 유지가 스며든 반죽은 맛이 진해지고, 반대로 호두는 반죽 속에 있던 수분을 흡수해 부드러워진다. 발효를 마친 다음에는 반죽에 가급적 힘을 가하지 말고 부드러운 손길로 반죽을 크고 모서리가 둥근 직사각형 형태로 성형해서 굽는다. 그러면 크러스트는 고소한 반면 크럼은 촉촉하고 부드러워 먹기 좋은 빵이 된다.

호두빵

재 료

19세기 바게트 반죽 10780g

호두 425g

물 610g

완성된 반죽의 양=11815g

Slashing 칼집 내기

세로로 1개

Baking 굽기

윗불 260℃, 아랫불 240℃, 40분

Process

Mixing 믹싱
19세기 바게트 반죽, 호두, 물↓→ML2~3→
골고루 섞이면 종료
완성된 반죽의 온도 21~23℃

Punching 믹서볼 안에서 펀치
반죽을 그대로 믹서볼에 5분 정도 둔다.
마지막에 수동으로 1회전시킨다.

Bulk Fermentation 발효
18℃, 습도 70%, 하룻밤

Dividing 분할
500g

Shaping 성형
해삼 모양으로 네 겹 접기 성형(→P.307)

Final Rise 최종발효
상온에서 1시간

◇ 발효 전

◇ 발효 후

발효를 끝마친 반죽은 발효 전보다 1.5배 정도 부푼다. 바게트 반죽에 호두와 물을 첨가했기 때문에 글루텐은 비교적 약하다. 호두에 함유된 탄닌 성분이 반죽에 스며들어 반죽이 옅은 색을 띤다.

1   반죽에 수분과 호두가 뭉치지 않고 잘 섞이면 믹싱을 종료한다.

2   발효가 끝난 반죽은 부풀어서 매우 부드럽다.

3   분할이나 성형 작업을 할 때는 가급적 힘을 가하지 않는다(자세한 성형 방법은→P.307).

4   데크 오븐에 넣어 향긋하게 굽는다.

자신의 빵을 믿는 용기

'맛있는 빵'의 정의는 사람마다 다를 것이다. 또 지역이나 시대에 따라 변화할 것이다.

'맛있는 빵'이라는 것은 과연 어떤 빵을 말하는 걸까?

나는 내가 스승처럼 여기는 시가 가쓰에이 씨가 만든 바게트를 처음 맛보았을 때 느낀 감동을 지금도 잊지 못한다. 밀가루, 소금, 물, 효모로만 만든 단순한 반죽에서 어쩜 그리도 복잡한 맛이 느껴지던지……. 쓴맛과 산미 외에도 다양한 맛과 향이 입 안에서 어우러졌다. 재료로 들어간 밀가루와는 전혀 다른 빵이 되어 있었다. 지금 생각해 보면 그것이 발효의 묘미이지 않을까 싶다.

빵을 만드는 일을 통해 이런 대단한 일을 할 수 있구나. 나는 단순히 그 바게트의 맛에 놀란 것이 아니라, 그 바게트를 통해 빵이라는 세계는 참으로 심오하며 이런 표현 방법도 있다는 사실을 배웠다. 평생 이 길을 걸으며 그 끝을 보고 싶은 마음과 함께 내 눈앞에 빵의 세계가 펼쳐진 순간이었다.

하지만 그 끝은 평범한 방법으로는 다다를 수 없다. 기존의 상식을 의심하고, 여러 방향에서 고민을 거듭하고, 때로는 벽에 부딪히고, 그러다 다시 또 다른 가능성을 발견하는……그런 과정을 거쳐야만 비로소 정말 맛있는 빵을 만들어 낼 수 있다고 생각한다.

그 길을 가려면 위험도 감수해야 한다. 기존의 방법에 익숙해진 사람의 눈에는 이단아나 괴짜처럼 비칠 수도 있을 것이다. 그런 위험을 감수하면서까지 스스로 고민해 보고 자신의 의지를(내 경우에는 빵으로)나타내려면 상당한 용기가 필요하다.

그럼에도 나는 앞으로도 내 자신이 만들어 내는 빵을 믿는 용기를 지켜나가고 싶다. 그러려면 평소에도 미의식을 연마하고, 자신의 생각을 입증할 이론을 구축하는 것이 중요하다. 나는 지금도 빵을 즐겨 먹는 사람들에게 '내가 생각하는 맛'을 어떻게 전할 수 있을지 매일 고민하며 빵을 만들고 있다.

CHAPTER

4

♦

손 반죽으로
만드는
무성형 빵

기타노카오리 루스티크

기타노카오리가 지닌 유일무이한 맛을
손 반죽해서 만든 루스티크로 솔직하게 표현

'루스티크(rustique)'는 '시골풍의', '소박한'이라는 의미를 지닌 프랑스어로, 반죽의 가수율이 높고 부드럽기 때문에 분할 후에 성형을 하지 않고 그대로 굽는 빵을 가리킨다. 여기서 소개할 손 반죽 루스티크는 배합과 공정이 모두 단순하다. 가급적 손을 대지 않고 빵을 만들기 때문에 밀이 지닌 개성이 고스란히 드러난다. 어떤 밀가루로든 루스티크를 만들 수 있지만, 우리 가게에서는 루스티크를 만들 때 홋카이도산 '기타노카오리'만을 사용한다. 기타노카오리는 강력분이지만 빵으로 만들면 쫄깃쫄깃한 느낌도 있다. 이러한 쫄깃한 식감을 만드는 것은 전분의 점성을 높이는 아밀로펙틴이다. 즉, 쫄깃함이 강한 밀가루로 만든 빵은 오븐에서 잘 부풀지 않고, 크러스트가 두꺼워지기 쉽다. 하지만 기타노카오리는 쫄깃하면서도 오븐에서 잘 부풀기 때문에 잘만 사용하면 크러스트는 얇고 바삭하면서도 크럼은 쫄깃하면서도 입에서 살살 녹는 절묘한 식감을 낼 수 있게 한다. 그리고 은은한 노란색을 띠는 반죽은 씹을수록 달다. 재배하기가 까다로운 탓에 유통량이 적지만, 유일무이할 만큼 탁월한 맛을 지닌 밀가루라 생각한다.

또 기타노카오리는 내가 빵 만드는 일을 시작한 뒤 처음으로 사용한 일본산 밀가루이기도 하다. 사실 팽 스톡을 개업했을 당시에는 일본산 밀가루를 거의 사용하지 않았다. 개업 후 삼 년쯤 지났을 무렵, 처음으로 일본산 밀가루로 만든 루스티크를 먹어 보고는 '일본산 밀가루 중에도 이렇게 맛있는 밀가루가 있구나.'라고 흥미를 느끼게 되었다. 그때부터 다양한 일본산 밀가루를 이용해 빵을 만들어 보게 되었다. 지금은 거의 100% 일본산 밀가루만을 사용해 빵을 만들게 되었지만, 그중에서도 기타노카오리는 특별하다.

아밀로펙틴을 손상시키지 않고 남기려면 루스티크 반죽은 손으로 반죽하는 것이 좋다. 흡수율이 약 117%로 높기 때문에 반죽은 손 반죽을 모두 마치고 오븐에 넣기 전까지 계속 부드러운 상태를 유지한다. 발효를 마친 뒤에는 반죽 안에 생성된 가스가 빠져나가지 않도록 반죽을 한 번에 분할한 다음 그대로 오븐에 넣는다. 그리고 오븐 바닥의 전도열을 이용해 반죽을 크게 부풀린다.

수분이 많은 반죽이므로 열기가 골고루 잘 전달되도록 칼집을 깊게 한 군데 낸다. 칼집이 잘 벌어져 반죽이 위로 잘 부풀 수 있도록 데크 오븐에 굽는다.

기타노카오리
루스티크

재료 (밀가루 2kg 분량)

기타노카오리 2000g
소금 37g
┌이스트 3.2g
└미온수(40℃) 40g
(미리 이스트를 녹여 둔다)
르방 리퀴드 R 50g
물 2300g

완성된 반죽의 양=4430.2g

Process

Hand Mixing 손 반죽
가루가 남지 않을 때까지 섞는다.
완성된 반죽의 온도 21~23℃

Stretch & Fold 펀치
손 반죽 펀치 세 번
반죽을 끝마친 후 1시간 뒤 한 번
30분 뒤 한 번
30분 뒤 한 번

Bulk Fermentation 발효
상온에서 4시간

Dividng 분할
120g

Final Rise 최종발효
상온에서 15분

Slashing 칼집 내기
대각선으로 1개

Baking 굽기
윗불 250℃, 아랫불 240℃, 25분

◇ 발효 전

◇ 발효 후

발효가 끝난 반죽은 발효 전보다 약 1.5배 부풀고, 표면에 기포가 생긴다. 흡수율이 117%로 높기 때문에 반죽은 손 반죽을 마쳤을 때부터 분할할 때까지 계속 부드러운 상태를 유지한다.

밀가루가 간신히 뭉쳐질 만큼 물이 많이 들어가
가볍고 입에서 살살 녹는다

1-2   재료를 볼에 넣고 밑바닥에서 퍼 올리듯이 섞는다

3   가루가 더 이상 떨어지지 않을 때까지 부드럽게 섞는다.

4-5   가루가 보이지 않으면 반죽을 끝마친다. 이 시점에서는 반죽의 질감이 아직 퍼석퍼석하고 거칠다.

6-7   첫 번째 펀치. 반죽의 질감은 시간이 지날수록 부드러워진다.

7   8   9

10   11   12

8-11   두 번째 펀치(8·9). 세 번째 펀치(10). 펀치를 할 때마다 반죽은 점차 윤기가 돌고 잘 늘어나게 된다. 발효를 마친 반죽도 매끄럽다(11).

12   작업대 위에 옮긴 반죽. 옆으로 자연스럽게 퍼질 만큼 반죽이 부드럽다. 필요한 경우에는 손을 살짝 대어 사각형으로 펼친다(자세한 분할 방법은 →P.297).

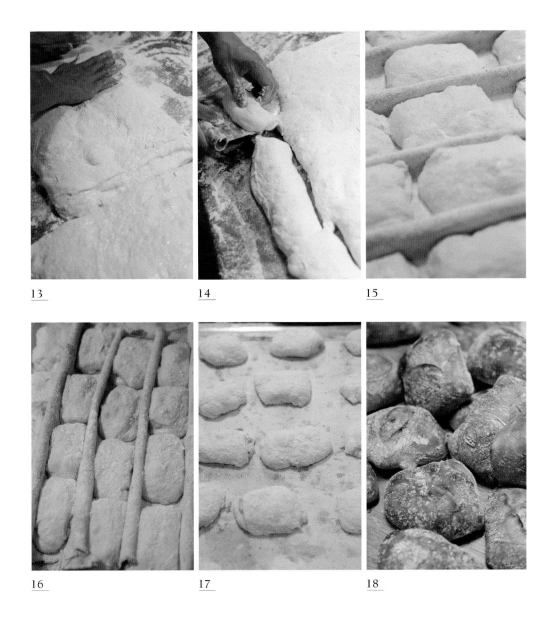

13-14 반죽을 두 겹으로 접고, 사각형으로 분할한다. 가급적 반죽에 손이 닿지 않도록 한 번에 필요한
사이즈로 자른다.

15 분할한 후에는 주름을 잡은 캔버스천에 옮긴다.

16-18 최종발효를 마친 반죽은 매우 부드럽게 풀어져 있다(16). 베이킹 필에 옮길 때, 반죽이 손상되지
않게 주의한다(17). 부드럽게 풀어진 반죽에 칼집을 깊게 내어 구우면 오븐에서 잘 부풀어 올라
가벼운 식감을 지닌 루스티크가 된다(18).

115

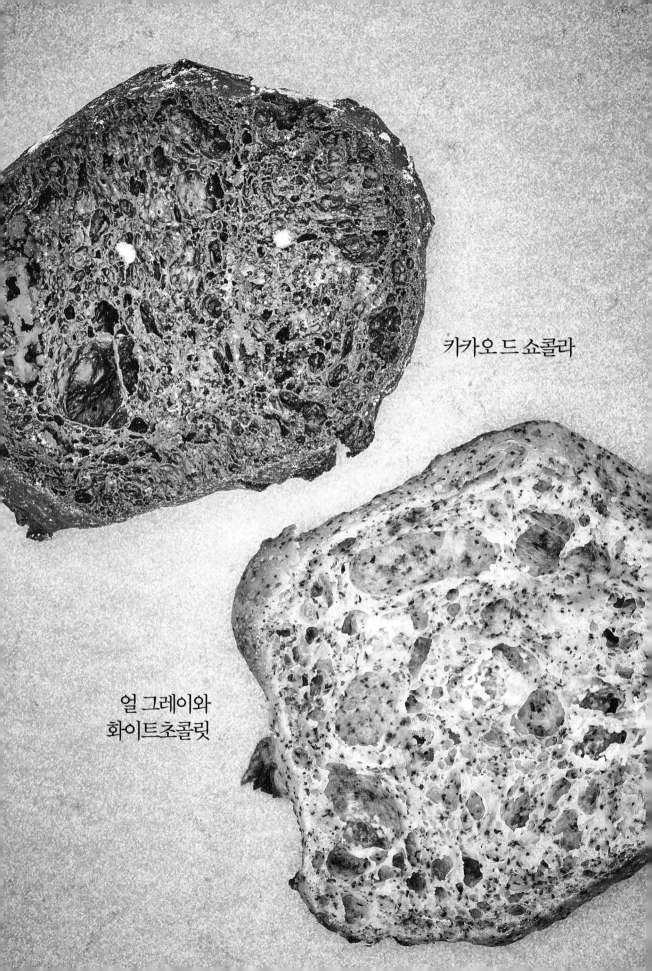

카카오 드 쇼콜라

얼 그레이와
화이트초콜릿

맛보는 순간 입 안 가득 퍼지는 홍차의 향. 진한 초콜릿의 풍미.
손으로 반죽한 빵 반죽이 재료의 풍미를 진하게 표현한다

'얼 그레이와 화이트초콜릿'과 '카카오 드 쇼콜라'는 루스티크처럼 손으로 반죽한 빵 반죽을 분할한 뒤 따로 성형하지 않고 그대로 구운 빵이다. 만드는 방법은 루스티크와 비슷해 보이지만, 그 바탕에 깔린 생각은 대조적이다.

'카카오 드 쇼콜라'는 '가토 쇼콜라처럼 진한 초콜릿 맛을 지닌 빵'을 떠올린 것을 계기로 만든 빵이다. 카카오파우더를 넣은 반죽에 초콜릿을 듬뿍 첨가한 진한 갈색 빵. 밀가루의 절반에 해당하는 양의 초콜릿이 들어가기 때문에 반죽이 상당히 무거워져서 그야말로 케이크처럼 촉촉하고 밀도가 촘촘한 빵이 된다. 그래서 어떻게든 좀 더 빵에 가까운 가벼운 식감과 부드러운 질감을 지닌 반죽을 만들기 위해 상온 발효 시간을 늘려 반죽이 잘 늘어나게 하고 있다. 발효 전후에 각각 펀치를 하는 것도 이러한 빵을 만들 때 지켜야 할 포인트다. 글루텐을 부지런히 자극해서 반죽의 탄력을 유지하려는 것이다.

반면 '얼 그레이와 화이트초콜릿'은 '홍차 향이 확연히 느껴지는 빵'을 만들고자 개발한 레시피다. 홍차나 향신료, 허브 같은 부재료의 '향'은 빵으로 표현하기 어려운 주제다. 상당한 양을 첨가해도 그 향은 글루텐에 가려져 버리거나 발효와 굽는 과정에서 휘발되어 버릴 때가 많다. 그래서 우선 반죽에서 강한 향이 날 수 있도록 추출한 얼 그레이 홍차가 아니라 찻잎을 그대로 반죽에 섞었다. 반죽 자체의 흡수율이 높기 때문에 1차 발효 중에 반죽에 홍차가 추출되어 진한 향이 밴다. 또 손 반죽을 할 때도 글루텐이 두드러지지 않도록 가급적 부드럽게 다루는 대신 홍차 향을 전면에 내세우려고 노력했다.

최종발효 단계에서는 두 가지 빵 반죽 모두 팽배율(반죽을 마친 빵 반죽이 1차 발효를 통해 몇 배 부풀었는지를 나타내는 수치)보다는 반죽의 상태를 잘 살핀다. 분할 과정에서 한 번 수축된 반죽을 이완시켜 글루텐이 풀어졌을 때쯤 구우면 부재료가 많이 들어간 무거운 카카오 드 쇼콜라 반죽과 글루텐이 약한 얼 그레이와 화이트초콜릿 반죽 모두 오븐에서 잘 부풀어 크럼에 기포가 생긴다. 또 굽는 과정에서 초콜릿이 녹기 때문에 반죽의 일부가 촉촉하고 부드러워진다. 쫄깃한 빵 반죽과 부드럽게 녹은 초콜릿의 대비 또한 맛의 포인트다. 디저트에 가까우면서도 발효라는 과정을 거친 빵 특유의 맛과 질감을 느낄 수 있는 빵이 완성된다.

얼 그레이와
화이트초콜릿

재료 (밀가루 2kg 분량)

기타노카오리 블렌드 1700g
유메치카라 300g
소금 34g
사탕수수 설탕 200g
┌이스트 6.5g
└미온수(40℃) 40g
(미리 이스트를 녹여 둔다)
홍차(얼 그레이) 60g
코인형 화이트초콜릿(大) 400g
코인형 화이트초콜릿(中) 200g
화이트초콜릿 칩 200g
물 2080g

완성된 반죽의 양=5220.5g

Process

Hand Mixing 손 반죽
가루가 남지 않을 때까지 섞는다.
완성된 반죽 온도 21~23℃

Stretch & Fold 펀치
손 반죽 펀치 세 번
반죽을 마치고 1시간 뒤 한 번
30분 뒤 한 번
30분 뒤 한 번

Bulk Fermentation 발효
상온에서 4시간

Dividing 분할
120g

Final Rise 최종발효
상온에서 30분

Slashing 칼집 내기
대각선으로 1개

Baking 굽기
190℃ 10분→180℃ 6분

◇ 발효 전

◇ 발효 후

발효를 끝마친 반죽은 1.5배 정도 부푼다. 부재료가 많이 들어가
글루텐이 약하기 때문에 팽배율은 낮다.

디저트처럼 초콜릿이 듬뿍 들어간 반죽을
발효의 힘을 이용해 가벼우면서도 입에 살살 녹게 한다

1-2   미리 물을 제외한 다른 재료를 섞는다.

3-5   이스트, 미온수, 찬물을 모두 넣고 섞는다. 가루가 남지 않으면 반죽을 끝낸다.

6-7   세 번째 펀치. 펀치를 거듭할수록 반죽이 점차 매끄러워지고 잘 늘어난다.

7   8

9   10

8-10   반죽의 질감은 다소 뻑뻑하다. 두 겹으로 접어 분할한 다음(8·9·자세한 내용은→P.297), 반죽이
         이완되면 굽는다(10).

카카오 드 쇼콜라

재 료 (밀가루 2kg 분량)

하루요코이·하루키라리 블렌드 1000g

유메치카라 600g

기타노카오리 블렌드 400g

소금 36g

사탕수수 설탕 360g

카카오파우더 200g

┌이스트 6.5g

└미온수(40℃) 40g

(미리 이스트를 녹여 둔다)

코인형 초콜릿(大) 500g

초콜릿 칩 500g

우유 810g

물 1460g

완성된 반죽의 양=5912.5g

Process

Hand Mixing 손 반죽
가루가 남지 않을 때까지 섞는다.
완성된 반죽 온도 21~23℃

Stretch & Fold 펀치
손 반죽 펀치 세 번
반죽을 마치고 1시간 뒤 한 번
30분 뒤 한 번
30분 뒤 한 번

Bulk Fermentation 발효
상온에서 6시간

Stretch & Fold 펀치
네 겹으로 접기(사각형)

Rest 벤치 타임
32℃, 습도 78%, 1시간

Dividing 분할
120g

Final Rise 최종발효
32℃, 습도 78%, 1시간

Baking 굽기
200℃ 11분

◇ 발효 전

◇ 발효 후

발효를 마치면 발효 전보다 반죽이 약 2배 부푼다. 부재료가 많이
들어가지만, 발효를 충분히 시켜 부풀린 것이 이 반죽의 특징이다.

완성된 빵은 형태가 일정하지 않아 다양한 느낌이 난다. '얼 그레이와 화이트초콜릿(위)'은 표면에 튀어나온 초콜릿이 눌어붙으면서 캐러멜화해서 더 맛있다. '카카오 드 쇼콜라 (아래)'는 반죽이 자연스럽게 갈라지면서 울퉁불퉁해진 모 습이 보인다.

1   모든 재료를 볼에 넣고 반죽한다. 조금 뻑뻑하므로 재료가 고르게 섞이도록 신경 쓴다.

2   반죽을 끝낸 빵 반죽은 표면이 상당히 거칠다.

3~4   반죽은 펀치를 할 때마다 점점 더 매끄럽고 윤기가 흐르게 된다. 4는 세 번째 펀치를 끝낸 반죽의
     모습이다.

식이섬유 빵

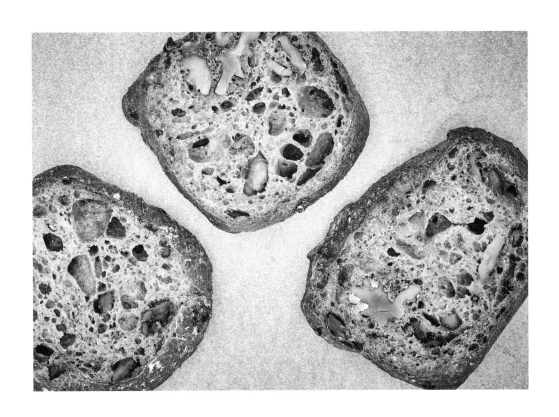

식이섬유와 유산균처럼 장에 좋은 성분들을
맛있게 섭취할 수 있는 건강빵

이 빵은 당시 임신 중이었던 직원을 위해 개발한 레시피다. 변비가 심해 매일 콩비지를 챙겨 먹는 모습을 보고 '이렇게나 식이섬유가 풍부한 식품이 많은 곳에서 일하는데…….'라는 생각이 들었다. 그래서 굳이 콩비지를 챙겨 먹지 않더라도 '맛있고 안전하게 식이섬유를 섭취할 수 있는 빵을 만들자.'라는 생각으로 이 레시피를 고안했다.

전립분과 잡곡을 듬뿍 사용하고, 여기에 레이즌종으로 유산균까지 첨가했을 뿐만 아니라 먹기 편하도록 꿀도 넣었다. 글루텐을 많이 형성하지 않고, 곡물 섬유와 전분으로 반죽을 연결하는 느낌으로 만든다. 소화가 잘 되고 식이섬유도 충분히 섭취할 수 있으며, 은은한 단맛까지 나는 맛있는 빵이라 생각한다.

건강이나 맛 어느 한쪽만을 생각해서는 매일 먹을 수 있는 빵을 만들 수 없다. '건강에도 좋고 당연히 맛도 좋은 빵'을 만들어 일상생활에 도움을 줄 수 있다면 그것이 빵집 주인이 누릴 수 있는 가장 큰 행복이 아닐까 생각한다.

식이섬유 빵

재 료 (밀가루 1kg 분량)

물레방아표(전립분) 1000g

소금 20g

곡물 믹스(레토르트 타입) 200g

쌀겔 150g

칡 페이스트 50g

레이즌종 50g

꿀 50g

호두 200g

물 930g

완성된 반죽의 양=2650g

Process

Hand Mixing 손 반죽
가루가 남지 않을 때까지 섞는다.
완성된 반죽 온도 21~23℃

Stretch & Fold 펀치
손 반죽 펀치 세 번
반죽을 마치고 1시간 뒤 한 번
30분 뒤 한 번
30분 뒤 한 번

Bulk Fermentation 발효
18℃, 습도 70%, 하룻밤

Dividing 분할
60g

Slashing 칼집 내기
대각선으로 1개 ⊘

Baking 굽기
206℃ 23분

◇ 발효 전

◇ 발효 후

이 반죽은 레이즌종으로 발효시킨다. 발효를 마치면 발효 전보다
반죽이 약 두 배 부푼다.

1   전립분과 소금을 제외한 나머지 재료를 먼저 거품기로 저어서 섞어 둔다.

2   반죽을 마친 빵 반죽은 겉보기에 다소 질감이 거칠다.

3   세 차례에 걸려 펀치를 하고 나면 반죽에 윤기가 흐르지만, 생각만큼 늘어나지는 않는다.

4   글루텐을 억제했기 때문에 반죽을 분할하고 나면 바로 오븐에 넣어 굽는다.

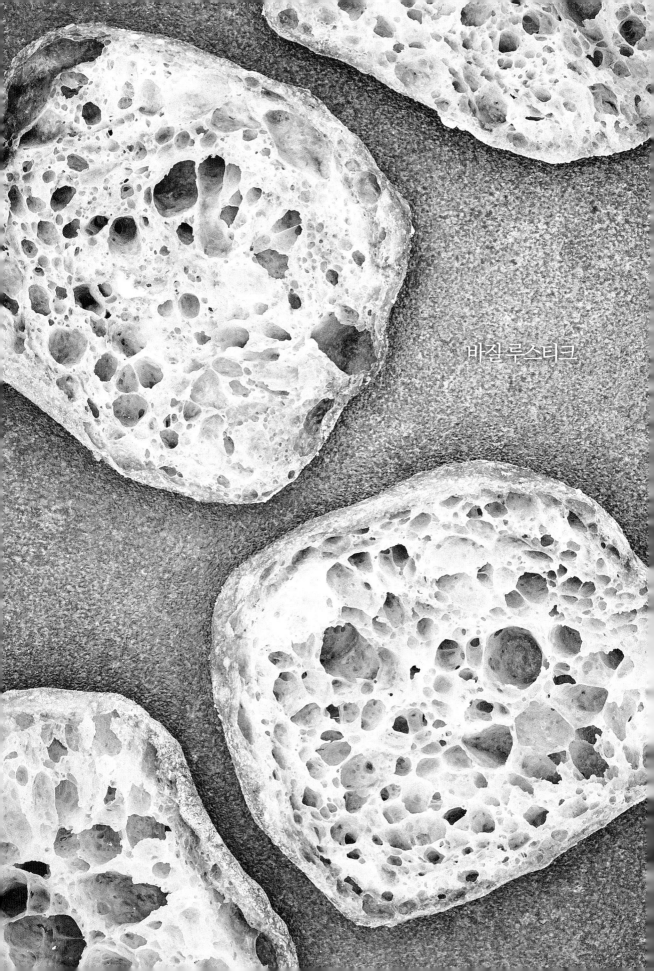

바질 루스티크

맛보는 순간 입 안 가득 퍼지는 바질의 향
신선한 풍미를 느낄 수 있도록 글루텐을 철저히 억제한다

이름에 똑같은 '루스티크'가 들어가지만, 이 '바질 루스티크'는 P.110에 나온 '기타노카오리 루스티크'와 만드는 방법이 전혀 다르다. 이 빵의 반죽을 만들 때는 처음부터 손 반죽을 하는 것이 아니라, 믹서로 먼저 믹싱한 팽 드 로데브(Pain de Lodeve) 반죽에 바질 오일을 손으로 섞는다. 오일을 나중에 섞는 세미 하드 계열의 반죽이지만, 반죽의 부드러움이나 취급 방식은 기타노카오리 루스티크와 많이 비슷하다.

이 빵은 '바질의 신선한 향을 빵에 그대로 살리는 것'을 목적으로 개발했다. '레스토랑 카즈'를 운영하는 시노하라 가즈오(篠原和夫) 씨와 콜라보레이션 디너를 마련한 자리에서 요리에 맞추어 고안한 빵으로, 지금은 우리 가게의 정식 상품으로 판매하고 있다. 반죽은 산뜻한 녹색을 띠며, 빵은 맛보는 순간 입 안 가득 신선한 바질 향이 퍼진다.

최대한 향이 날아가지 않도록 바질 반죽은 당일 아침에 준비해 오후에 굽는다. 바질 오일도 가급적 손 반죽을 하기 직전에 만든다. 팽 드 로데브 반죽이 완성되면 반죽을 볼에 옮겨 담은 후 바질 오일과 골고루 섞는다. 흡수율이 100%가 넘는 반죽이기 때문에 처음에는 '물과 기름'처럼 잘 섞이지 않는다. 반죽을 찢거나 주물러 글루텐을 조금씩 파괴하면서 섞어 나간다. 단, 손으로 섞기 때문에 바질 오일과 반죽이 완전히 고르게 섞이지는 않는다. 하지만 그렇기에 오히려 굽고 나면 단면에 마블 문양이 생겨 재미있다.

향을 전면에 내세우는 빵을 만들 때 기억해야 할 또 다른 포인트는 빵을 만드는 작업이 모두 끝날 때까지 글

루텐을 철저히 억제해야 한다는 점이다. 발효를 마친 후에 반죽을 볼에서 꺼내면 더 이상 손대지 말고 그대로 분할한다.

사실 이 빵을 처음 만들었을 때는 소형 바게트 형태로 성형했다. 그 다음에는 '기타노카오리 루스티크'처럼 반죽을 접은 다음 분할해서 구워 본 적도 있다. 하지만 어떤 작업이든 간에 일단 반죽에 자극을 가하고 나면 글루텐이 강화되어 글루텐 맛이 도드라져서 바질 향이 묻혀 버린다. 그래서 이 빵을 만들 때는 끝까지 긴장을 늦추어서는 안 된다.

수분이 많고 부드러운 반죽이지만 구울 때 바질 향이 날아가지 않도록 칼집을 얇게 한 번만 낸다.

바질
루스티크

재료

팽 드 로데브 반죽, 하단에 나온 1500g 분량
┌기타노카오리 1500g
│물레방아표 500g
│소금 40g
│┌이스트 3g
│└미온수(40℃) 100g
│(미리 이스트를 녹여 둔다)
│물 1350g
└첨가할 물 650g
바질 오일
┌바질 50g
└올리브오일 50g

완성된 반죽의 양=1600g

Bulk Fermentation 발효
상온에서 7시간

Dividing 분할
110g

Final Rise 최종발효
상온에서 10분

Slashing 칼집 내기
대각선으로 1개

Baking 굽기
윗불 250℃, 아랫불 240℃, 20분

Process

Mixing 팽 드 로데브 반죽 믹싱
첨가할 물을 제외한 재료↓→L4→정지 5분
→L3·ML3→첨가할 물↓↓→ML9
완성된 반죽의 온도 21~23℃

Hand Mixing 손 반죽
바질 오일이 잘 어우러질 때까지 섞는다.

Floor Time 플로어 타임
상온에서 30분

Stretch & Fold 펀치
펀치2(→P.291)

◇ 발효 전

◇ 발효 후

바질 향이 날아가지 않도록 이 반죽은 당일에 바로 만들어 사용
한다. 발효가 끝나면 발효 전보다 약 2배 부푼다.

반죽에 든 바질 향이
빠져나가지 않게 굽는다

1-3   바질과 올리브오일을 쥬서기에 넣고 돌려 바질 오일을 만든다(1~3).

4-7   팽 드 로데브 반죽을 만든다(4). 반죽을 볼에서 떼어내 반죽용 후크에 걸고(5) 돌리면서 세 번에
              걸쳐 물을 첨가한다(6). 반죽이 완성된 모습(7).

7   8   9

10   11   12

8-10   팽 드 로데브 반죽에 바질 오일을 붓고, 반죽을 손으로 주므르면서 기름과 반죽을 잘 섞는다.

11-12   반죽을 작업대에 올린 다음, 접거나 누르지 않고 그대로 분할한다.

<u>13</u>   <u>14</u>   <u>15</u>

13-15   분할한 반죽은 매우 부드럽다. 만약 반죽이 너무 물러서 축 처질 것 같을 때는 최종발효를 거치지 않고 바로 구워도 된다.

CHAPTER
5

전분과 pH에
대한 생각

팽드미 레장

pH를 조정해 촉촉하고 부드러운 반죽을 만들고
탱글탱글한 건포도의 풍미를 주인공으로 세운다

건포도가 들어간 식빵은 왠지 모르게 어린 시절의 빵집을 떠올리게 하는 정겨운 느낌이 있다. 우리 가게에서는 온고지신의 정신으로 '팽드미 레장'을 만들고 있는데, 그 맛은 어린 시절에 먹었던 '건포도 식빵'과는 상당히 차이가 난다. 나는 '건포도라는 재료'가 지닌 맛을 빵으로 표현하고자 반죽에 건포도를 밀가루의 1.1배나 넣고 있다. 그럼에도 너무 달지 않으면서 한없이 들어갈 만큼 입 안에서 살살 녹는 식감을 내기 위해 레시피를 계속 개발해 왔다.

이 빵은 도쿄에서 내가 일했던 빵집 '단디종(Dans Dix ans)'의 '그라파'라는 빵을 원형으로 하고 있다. 그라파는 럼주의 풍미를 지닌 술타아너 레이즌이 듬뿍 들어간 작고 둥근 모양의 빵이다. 술타아너 레이즌을 미리 물에 불려 두면 반죽과 잘 어우러질 뿐만 아니라 반죽의 식감도 한층 좋아진다.

이처럼 건포도를 물에 미리 불렸다 사용하는 그라파의 테크닉은 그대로 답습하는 대신, 나는 반죽에 술타아너 레이즌 외에도 그린 레이즌과 커런트를 함께 넣는다. 또 레이즌종을 만들 때 사용한 그린 레이즌도 함께 배합한다. 발효를 마친 레이즌은 효모에 당분을 빼앗겨 단맛이 거의 없다. 이렇게 다양한 품종과 상태의 레이즌을 섞어서 사용하면 다양한 풍미를 느낄 수 있어 쉽게 질리지 않는다. 레이즌을 불린 물도 반죽할 때 함께 넣어 레이즌의 풍미를 반죽에 고스란히 살리고 있다.

이 빵은 반죽에 물을 최대한 많이 넣기 때문에 잘 뭉치지 않으며 보형성도 떨어진다. 그래서 탕반죽을 먼저 첨가해서 비록 글루텐이 약하더라도 탕반죽 속 전분이 힘을 합쳐 반죽을 지탱하게 한다. 그리고 르방 리퀴드로 pH를 낮추어 글루텐을 연화시킨다. 레시피를 고안했을 당시에는 '탕반죽을 넣은 쫄깃쫄깃한 빵'을 만들려고 했기 때문에 지금보다 더 식감이 무거웠다. 나중에 pH와 분해효소를 고려해 르방 리퀴드를 사용하기 시작했고, 그때부터 식감과 풍미가 더 좋아졌다.

이제는 대부분의 반죽을 만들 때 pH와 효소의 작용을 고려해 재료를 배합하고 있다. 이러한 변화의 단서가 된 것이 바로 이 빵이다. 내 관심 분야가 하나둘씩 늘어남에 따라 레시피도 함께 진화해 왔다는 점에서 특히나 애착이 가는 빵이기도 하다.

팽드미 레장은 최종발효와 굽는 과정에서 반죽이 그다지 부풀지 않기 때문에 같은 틀에 구워도 다른 팽드미 빵보다 크기가 작지만, 손으로 들었을 때는 묵직한 무게감이 느껴진다.

팽드미
레장

재 료 (밀가루 2kg 분량)

유메무스비 1800g

유메치카라 200g

소금 42g

사탕수수 설탕 80g

┌이스트 9g

│그래뉼러당 4g

└미온수(40℃) 160g

탕반죽

┌유메무스비 150g

└뜨거운 물 300g

르방 리퀴드 R 300g

벌꿀 60g

레이즌 불린 물* 1260g

물 300g

무염 버터 200g

A ┌르방 리퀴드 R 1000g

└첨가할 물 200g

술타아너 레이즌 500g

레이즌종을 만들 때 사용한

그린 레이즌 500g

┌술타아너 레이즌* 750g

│그린 레이즌* 400g

│커런트* 50g

│물 적당량

└화이트 럼 1캡 분량

완성된 반죽의 양=약 8265g

향과 맛이 차이 나는 네 가지 건포도를 섞어서 만들기 때문에 건포도가 많이 들어 있어도 질리지 않는다.

Process

Preparation 준비

* ※ 표시가 되어 있는 세 가지 레이즌이 전부 잠 기도록 물을 붓고 여기에 화이트 럼을 넣어 하룻밤 동안 불려 둔다. 나중에 레이즌을 불 린 물도 반죽에 함께 섞는다.
* 이스트, 그래뉼러당, 미온수를 볼에 넣고 거 품기로 섞은 다음 6분 동안 그대로 두어 예비 발효를 시킨다.
* A의 르방 리퀴드 R, 첨가할 물을 함께 섞는다.

Mixing 믹싱

버터·A의 재료, 레이즌을 제외한 다른 재료 ↓→L8·ML8→버터↓→ML3→A의 재료↓↓→ML6→ 레이즌↓→L2
완성된 반죽 온도 21~23℃

Stretch & Fold 펀치

펀치2(→P.291)

Bulk Fermentation 발효

상온에서 3시간 30분

Dividing 분할

280g

Preshaping 둥글리기

식빵 둥글리기2(→P.303)

Rest 벤치 타임

상온에서 10분

Shaping 성형

식빵 성형3(→P.319)

Final Rise 최종발효

32℃, 습도 78%, 1시간 30분

Baking 굽기

190℃ 20분→180℃ 10분

◇ 발효 전

◇ 발효 후

발효 후에는 반죽이 발효 전보다 1.5배 부푼다. 부재료가 많이 들 어가기 때문에 팽배율은 낮다.

글루텐이 약하고 레이즌이 듬뿍 든
반죽의 형태를 유지하는 기술

1

2

3

1   레이즌은 물에 충분히 불려 사용한다. 일부는 건조된 상태 그대로 넣는다.

2 - 3   믹싱 초반에는 글루텐을 충분히 형성한다(2). 반죽이 뭉친 뒤에 버터를 투입한다(3).

4 6 반죽이 반죽용 후크에 얽히기 시작하면 A의 재료를 2~3회에 걸쳐 나누어 넣은 다음 다시 잘 뭉쳐
질 때까지 믹싱한다. 글루텐이 파괴되기 쉬운 반죽이므로 너무 오래 믹싱하지 않도록 주의하자
(4·5). 레이즌을 제외한 다른 재료를 반죽한 상태(6). 반죽이 믹서볼에서 깔끔하게 떨어질 만큼 뭉
쳐지면 레이즌을 투입한다.

7 레이즌을 투입한 후에는 과육이 뭉개지지 않도록 천천히 섞는다.

8 뭉침 없이 잘 섞이면 바로 믹서를 끈다.

9 펀치를 겸해 반죽의 상태를 확인한다. 반죽은 이어져 있지만, 글루텐은 약하다.

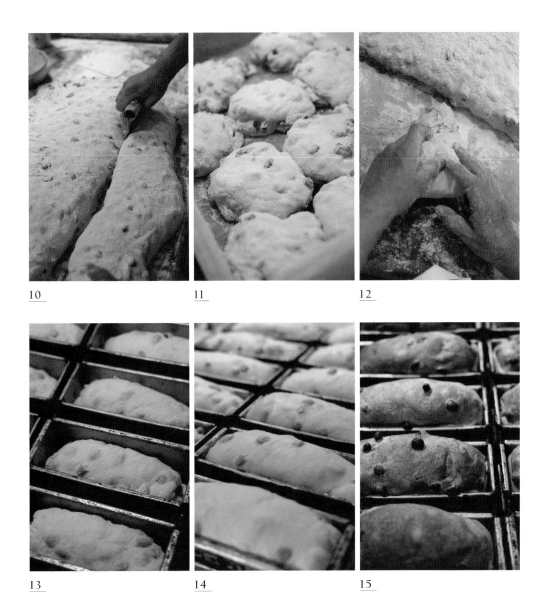

10   11   12

13   14   15

10   분할할 때 반죽의 상태는 부드럽고 말랑말랑하다.

11-12   반죽에 자극이 가해지지 않도록 가급적 한 번에 분할한다. 약한 반죽이 식빵 형태를 유지할 수 있
                  도록 둥글리기·성형 단계에서는 층을 쌓는다는 느낌으로 많은 층을 만든다(자세한 성형 방법은
                  →319).

13-15   최종발효(발효 전 13·발효 후 14)부터 굽는 단계(15)까지 팽배율은 낮다.

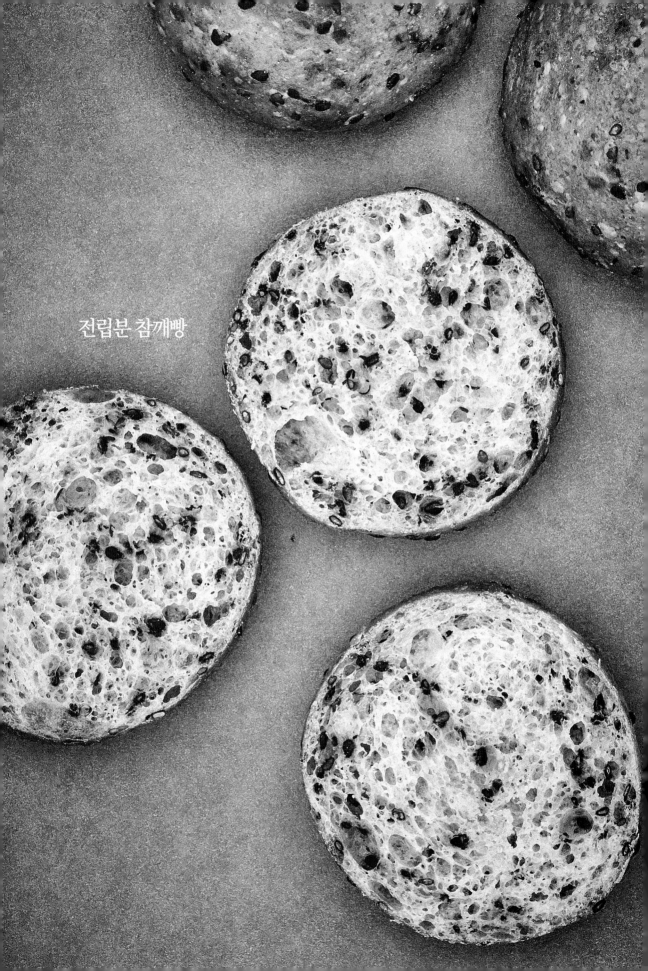

전립분 참깨빵

전립분 반죽을
부드럽고 매끄러운 식감의 빵으로

전립분 빵은 밀기울이 많이 들어 있어 글루텐이 잘 형성되지 않고, 밀가루의 입자가 커서 퍼석퍼석해지기 쉽다.

스스로 만족할 만한 전립분 빵 반죽을 만들지 못하고 있던 차에 우연히 정말 맛있는 전립분 빵을 만나게 되었다. 효고(兵庫) 현 아시야(芦屋) 시의 '베커라이 비오브로트(BÄCKEREI BIOBROT)'에서 산 디저트용 빵이었다. 전립분의 향이 좋고, 식감이 촉촉해서 먹기 편했다. 그 후 그곳의 오너 셰프인 마쓰자키 후토시(松崎 太) 씨가 쓴 저서에서 탕종을 사용한다는 사실을 알게 되었고, 이를 참고한 장시간 발효 반죽을 생각해 낸 것이 이 레시피다.

전립분을 탕반죽으로 만들어 수분을 머금게 해 두면 쉽게 퍼석퍼석해지지 않게 된다. 그리고 이보다 좀 더 식감이 부드럽고 오븐에서도 더 잘 부풀어서 부드럽고 폭신폭신한 빵을 만들 수 있도록 르방 리퀴드를 첨가해 pH를 낮추어 글루텐을 부드럽게 한다.

전립분을 첨가한 반죽은 믹싱을 잘 조절하는 것도 중요하다. 일반 밀가루로 반죽을 만들 때는 믹싱을 할수록 글루텐이 형성된다. 하지만 전립분을 첨가한 반죽은 글루텐이 형성되는 동시에 밀기울이 글루텐을 끊어 버리기 때문인지 100%를 목표로 믹싱을 과도하게 해 버리면 반죽이 흐물흐물해져서 빵이 되지 않는다. 반죽의 상태를 살피며 '적당한' 수준에서 믹싱을 끝내도록 한다.

단, 관점을 달리하면 밀기울은 반죽의 골격을 형성하는 요소의 하나로도 볼 수 있다. 글루텐이 다소 부족해도 밀기울이 마치 돌담처럼 겹겹이 쌓여서 빵의 형태를 유지하기 때문이다. 그런 점에서는 검은깨도 반죽의 골격을 구성하는 중요한 요소다. 콘크리트를 만들 때 시멘트에 입자의 크기가 다른 자갈이나 모래를 섞어 빈틈을 메우면 강도가 향상되듯이 밀기울과 참깨를 함께 섞어 반죽을 안정적으로 만든다.

참고로 이때 사용하는 검은깨는 향이 좋은 제품을 찾다 발견한 유기농 참깨다. 그 고소한 향이 전립분의 향까지 끌어올릴 만큼 두 재료는 잘 어울리는 조합이다. 이 빵은 그냥 먹어도 맛있지만, 식사에 곁들여도 좋다. 레스토랑 '라 메종 드 라 네이처 고(La Maison de la Nature Goh)'에서도 '기타노카오리 루스티크'와 함께 식사용 빵으로 채택하고 있다.

전립분과 검은깨의 향이 어우러져 만들어 내는 더 고소한 향을 손님들이 즐기길 바라는 마음으로 만들고 있는 빵이다.

전립분
참깨빵

재료 (밀가루 800g 분량)

기타노카오리 블렌드 400g

기타노카오리 T85 400g

소금 18g

사탕수수 설탕 60g

┌이스트 1.8g

└미온수(40℃) 50g

(미리 이스트를 녹인다)

탕반죽

┌굵게 간 전립분 200g

└뜨거운 물(100℃) 400g

르방 리퀴드 P 4g

무염 버터 100g

물 380g

첨가할 물 265g

검은깨 120g

완성된 반죽의 양=2398.8g

전립분 200g을 탕반죽으로 만들어 첨가한다.

Process

Mixing 믹싱
버터, 첨가할 물, 검은깨를 제외한 나머지 재료↓→L4·ML3→버터↓→ML2→첨가할 물↓↓↓→ML3→검은깨↓→ML1
완성된 반죽의 온도 21~23℃

Stretch & Fold 펀치
네 겹으로 접기(정사각형)

Bulk Fermentation 발효
18℃, 습도 70%, 하룻밤

Warming 워밍
상온에서 1시간

Dividing 분할
35g

Shaping 성형
작은 빵 둥글리기(→P.299)

Final Rise 최종발효
32℃, 습도 78%, 30분

Baking 굽기
205℃ 12분

◇ 발효 전

◇ 발효 후

발효 후의 반죽은 발효 전보다 1.5배가 조금 넘게 부푼다. 흡수율이 약 80%로, 높지 않기 때문에 반죽에 어느 정도 탄력이 있다.

전립분의 밀기울과 검은깨도
반죽의 골격을 이루어 부드러운 반죽을 지탱한다

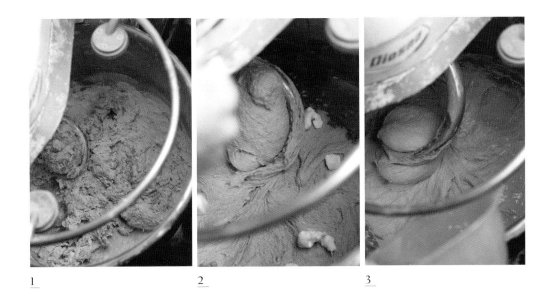

1 2 3

1-2   전립분 반죽은 오버 믹싱이 되기 쉽다. 버터를 나중에 첨가하는 이유는 전체 믹싱 시간을 가급적
        줄이기 위해서다.

3-4   물을 첨가하는 타이밍도 일반 밀가루 반죽보다 빠른 편이다. 반죽이 믹서볼에서 아직 깔끔하게
        떨어지지 않고 어느 정도 뭉쳤을 때쯤 물을 첨가한다.

4 5 6

7 8 9

5   반죽을 마친 상태도 다르다. 전립분 반죽의 강도는 일반 밀가루 반죽 강도의 80% 정도가 최고 수
     준이다. 다른 반죽과 마찬가지로 100%를 목표로 믹싱을 과도하게 하면 글루텐이 파괴되어 반죽
     이 흐물흐물해져 버린다.

6   검은깨를 넣는다. 검은깨가 뭉치지 않고 골고루 섞이면 곧바로 믹서를 멈춘다.

7   반죽을 마치고 나면 탄성은 있지만, 반죽이 얇아질 정도로 늘어나지는 않는다.

8-9 분할 후에 곧바로 성형을 한다. 가급적 반죽에 자극이 가해지지 않도록 조심스럽게 한다(자세한
     성형 방법은→P.299).

<u>10</u>　　　　　　　　　　<u>11</u>

10-11　　　최종발효와 굽는 과정에서 반죽이 1.5배 정도 부푼다

똑같은 반죽으로 만드는 '검은깨 롤'은 초콜릿 칩을 뿌린 반죽을 말아 작게 썬 다음, 잘린 단면 위에 코인형 초콜릿을 얹어 굽는 빵이다. 빵을 굽고 나면 반죽을 동글게 만 흔적이 보이지 않을 만큼, 반죽이 부드러운 것을 알 수 있다.

감자와
로즈마리를 넣은 르방

독일의 전통적인 감자 빵에서 아이디어를 얻어 만든
촉촉하고 부드러워 먹기 편한 빵

이 빵은 '카터펠브로트(Kartoffelbrot)'라고 하는 독일 빵을 원형으로 하고 있다. 카터펠브로트는 '감자 빵'이라는 이름이 붙은 호밀빵이다. 북유럽이나 독일에서는 감자를 으깨어 만든 빵을 많이 먹는다. 추운 지방에서는 밀을 재배하기가 어렵기 때문에 옛날에는 밀의 수확량이 저조할 때도 있었을 것이다. 그러다 보니 안정적으로 수확할 수 있는 식재료인 감자로 빵을 만들어 먹던 것이 오랫동안 이어져 왔으리라 생각한다. 일본에도 밀이 아닌 다양한 곡물이 있다. 그래서 밀가루 이외의 곡물도 들어가는 빵을 연구하다 감자 빵을 한번 만들어 보았다. 다만 우리 가게에서 만드는 감자 빵은 호밀빵이 아니라, 단백질 함량이 높은 밀가루로 만드는 흰 빵이다. 매시 포테이토의 부드러운 식감과 촉촉한 질감을 반죽에 살리는 한편, 오븐에서 잘 부풀려 식감이 가벼운 빵을 만들고 있다.

이 빵을 만들기 시작했던 개업 초기에는 자가배양한 레이즌종도 배합했지만, 비타민C가 풍부한 감자 자체가 pH를 다소 떨어뜨리는 모양이다. 그래서 레이즌종을 넣으면 레이즌종과 감사가 상승 효과를 일으켜 pH가 지나치게 떨어져 시큼한 반죽이 되어 버릴 때가 많았다. 그래서 배합을 여러 번 수정하다 보니 이제는 이스트만을 사용하게 되었지만 '르방'이라는 이름은 그대로 남아 있다.

원래는 심플한 빵이었지만, 무언가 부족한 느낌이 들어서 감자와 잘 어울리는 로즈마리를 추가하게 되었다. 로즈마리는 으깨지 않고 반죽 위에 얹어서 굽는다. 오븐 안에서 바싹 마른 로즈마리의 향이 반죽의 표면에 스며들기 때문에 빵을 먹으면 로즈마리의 향이 먼저 느껴져 독특한 인상을 준다.

잘 늘어난 불규칙적인 기포와 얇은 기포막은 글루텐이 그만큼 부드럽다는 증거다. 사진만 봐도 입 안에서 살살 녹는 가벼운 식감의 빵이라는 사실을 알 수 있다. 버터가 들어가기 때문에 질감 자체는 매끄럽다.

감자와 로즈마리를 넣은
르방

재료 (밀가루 2.5kg 분량)

유메무스비 1250g
유메치카라 1250g
소금 50g
사탕수수 설탕 150g
┌이스트 1.3g
└미온수(40℃) 100g
(미리 이스트를 녹인다)
매시 포테이토
┌삶은 감자 1300g
└물 300g
무염 버터 100g
물 1000g
첨가할 물 400g
로즈마리 적당량

완성된 반죽의 양=5901.3g

Process

Preparation 준비
매시 포테이토 가운데 500g과 첨가할 물
을 섞어 둔다.

Mixing 믹싱
매시 포테이토 500g과 첨가할 물을 제외
한 나머지 재료↓→L6·ML10→매시 포테이
토와 첨가할 물↓↓→ML5
완성된 반죽의 온도 21~23℃

Stretch & Fold 펀치
펀치3(→P.292)

Bulk Fermentation 발효
18℃, 습도 70%, 하룻밤

Warming 워밍
상온에서 1시간

Dividing 분할
250g

Shaping 성형
해삼 모양으로 네 겹 접기 성형(→P.307)

Final Rise 최종발효
상온에서 1시간

Slashing 칼집 내기
대각선 3개
로즈마리를 토핑

Baking 굽기
윗불 260℃, 아랫불 240℃, 25분

◇
발효
전

◇
발효
후

발효 전의 반죽은 신장성이 낮지만, 발효 후에는 폭신폭신하고 부
드러운 반죽이 된다. 부피가 두 배 이상 늘어난다.

매시 포테이토의 부드러운 식감을
반죽에 활용한다

1	감자는 껍질째 삶은 다음, 껍질을 벗긴다. 첨가하는 물의 양은 매시 포테이토의 질감을 조정한다.
2	대부분의 재료를 볼에 넣고 믹싱을 시작하지만, 매시 포테이토 가운데 500g은 첨가할 물과 함께 나중에 넣는다.
3·4	믹싱을 마치면 반죽이 한 덩어리가 되는데, 완성된 반죽은 부드럽지 않고 다소 뻑뻑하다.
5·6	발효를 마친 반죽은 매우 부드러우므로 성형할 때도 반죽이 손상되지 않도록 조심스럽게 다룬다.

<u>7</u>

7   굽기 전에 신선한 로즈마리를 반죽 위에 얹는다.

손으로 반죽해서 만드는 감자 반죽

재료 (밀가루 900g 분량)

기타노카오리 블렌드 450g

프라무 450g

소금 18g

┌이스트 5g

└미온수(40℃) 40g

(미리 이스트를 녹인다)

매시 포테이토

┌삶은 감자 720g

└물 250g

벌꿀 16g

올리브오일 27g

물 580g

완성된 반죽의 양=2556g

1 밀가루, 소금, 매시 포테이토를 볼에 담는다(a). 다른 재료도 마저 넣고, 밑에서부터 퍼 올리듯이 볼을 돌리면서 재료를 섞는다. 뭉치지 않고 고르게 섞이면 반죽을 마친다(b~e).

2 도우박스로 옮긴다(f). 30분 뒤(g)에 도우박스에 담아 둔 채로 펀치를 한다(펀치 2→P.291). 다시 30분 동안 그대로 두었다가 또 펀치를 한다(h·i).

3 상온에서 3시간 동안 발효시킨다.

4 용도에 따라 분할·성형한다(→P.252 '근채 피타', '치킨과 채소 피타' 참조).

a

b

c

d

e

f

g

h

i

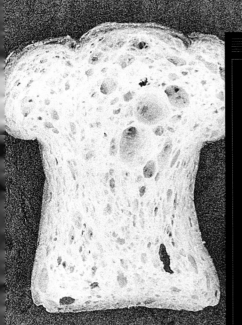

CHAPTER

6

팽 스톡의
식빵

팽드미 프랑스

팽드미 독일

팽드미 크루아상

팽드미 재팬

팽드미 브리오슈

팽드미 독일

벌꿀, 요거트, 장시간 발효.
재료와 시간이 빚어내는 '향'이 주인공

'팽드미 독일'에서 가장 중요하게 생각하는 것은 향이다. 이스트의 양을 극히 소량으로 제한하고 하룻밤 동안 꼬박 발효시켜 빚어내는 다채로운 풍미. 여기에 벌꿀과 요거트가 어우러져 무어라 형용할 수 없는 독특한 향이 탄생한다.

일반적으로는 장시간 발효를 하면 반죽은 이완되고 구조는 촘촘해져서 빵의 식감이 무거워지기 쉽다. 하지만 나는 식빵은 일정한 탄력을 유지하면서도 폭신폭신하고 부드러워 입 안에서 살살 녹게 만들고 싶다. 장시간 발효를 거쳐 좋아진 풍미와 식빵에 어울리는 먹기 편한 식감. 이 둘을 양립시키는 것이 이 반죽의 핵심이다.

그러려면 먼저 단백질량이 많은 밀가루를 배합해서 반죽의 강도를 높일 필요가 있다. 하지만 글루텐이 너무 많이 형성되면 다른 재료의 맛을 가려 버려 '글루텐 맛'만 날 수 있다. 그러므로 글루텐의 강도를 적절히 조절하기 위해서라도 벌꿀과 요거트의 역할이 중요해진다.

벌꿀에 들어 있는 효소는 발효 중에 글루텐을 적당히 분해하고 맛에 깊이를 더한다. 또 요거트는 반죽의 pH를 낮추어 글루텐을 부드럽게 한다. 그 결과 충분히 형성된 글루텐의 그물 구조가 느슨해져서 반죽의 신장성이 향상되어 오븐에서 반죽이 잘 부풀게 된다.

이 반죽을 만들 때 신경 써야 하는 또 다른 점은 반죽을 끝마치는 타이밍이다. 식빵 반죽은 대부분 부드럽게 뭉쳐져 팽팽해지면 글루텐이 충분히 형성되었다고 판단해 믹싱을 끝마친다. 하지만 이 반죽은 그 정도만 믹싱을 하면 식감이 무거워지기 때문에 일반적으로 적정하다고 생각하는 수준에 멈추지 말고 그보다 더 오랫동안 믹싱을 해야 한다. 글루텐이 파괴되어 흔히 '오버 믹싱'이라 말하는 단계에 도달하기 직전까지 믹싱을 계속 해서 반죽이 조금씩 이완되고 반죽이 매끄러워져야 믹싱이 끝난다. 이 정도가 되어야만 탄력이 있으면서도 구웠을 때 잘 부푸는 빵이 된다.

또 오븐에서 구울 때 반죽이 잘 올라올 수 있도록 발효 전에 하는 펀치도 다른 반죽과 달리 하고 있다. 반죽을 늘였다 접으면서 층을 여러 번 쌓아 올려 가장 강력하다고 하는 펀치 방법을 사용해 장시간 발효가 진행되는 동안에도 반죽이 탄력을 유지할 수 있게 노력하고 있다.

팽드미 독일은 우리 가게에서 제일 먼저 굽는 식빵이다. 가게 문을 열기 전에 미리 잔뜩 구워 벽면 가득 진열해 두고 손님들을 기다린다.

팽드미
독일

재료 (밀가루 16kg 분량)

유메무스비 7000g
유메치카라 4000g
프라무 3000g
기타노카오리 블렌드 2000g
소금 320g
사탕수수 설탕 1600g
┌이스트 7g
└미온수(40℃) 240g
(미리 이스트를 녹인다)
벌꿀 400g
요거트 1800g
무염 버터 1350g
물 9640g
첨가할 물 2200g

완성된 반죽의 양=33557g

Process

Mixing 믹싱
첨가할 물을 제외한 나머지 재료
↓→L6·ML8→반죽 온도 측정→첨가할 물
↓↓↓→ML10~12
완성된 반죽의 온도 21~23℃

Floor Time 플로어 타임
상온에서 1시간

Stretch & Fold 펀치
펀치4(→P.295)

Bulk Fermentatation 발효
18℃, 습도 70%, 하룻밤

Dividing 분할
150g, 두 개

Preshaping 둥글리기
식빵 둥글리기1(→P.302)

Rest 벤치 타임
32℃, 습도 78%, 30분

Shaping 성형
식빵 성형1(→P.316)

Final Rise 최종발효
32℃, 습도 78%, 2시간 30분

Baking 굽기
185℃ 20분→175℃ 10분

◇ 발효 전 ◇ 발효 후

발효를 마친 반죽은 두 배 이상 부푼다. 장시간 발효시키는 동안 반죽 속에 깃든 효모, 유산균, 효소가 작용해 반죽을 발효·숙성시킨다.

둥글리기나 성형 단계에서
부드러운 반죽에 탄력을 더한다

<u>1</u>　　　　　　　　　<u>2</u>　　　　　　　　　<u>3</u>

1-3　　　벌꿀은 물 일부에 녹여서 넣는다(1). 첨가할 물을 제외한 나머지 재료를 전부 볼에 넣고 믹싱한다
　　　　(2). 반죽은 충분히 뭉친다(3).

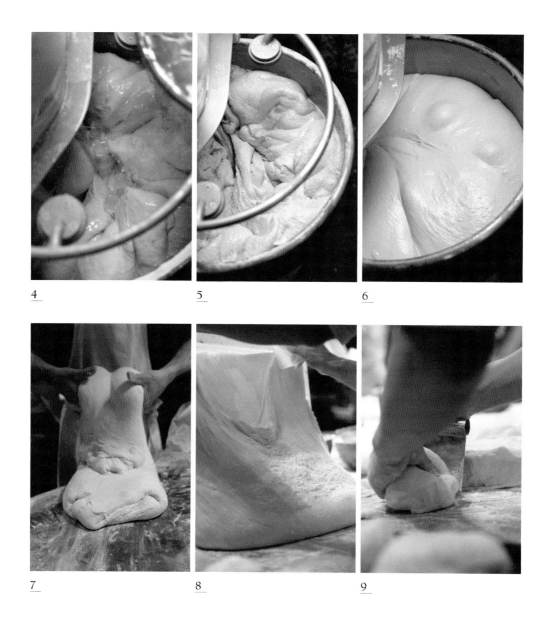

4·5   글루텐이 형성되어 믹싱 자국이 또렷하게 남을 정도로 반죽이 뭉쳐지면 물을 첨가한다.

6   한 번 걸쭉해진 반죽이 다시 뻑뻑해지면 물을 더 첨가해 믹싱을 반복한다. 마지막에 오버 믹싱 단계
         에 이르기 직전까지 믹싱한다. 믹싱이 끝난 반죽은 윤기가 흐르고 믹서볼에 붙을 만큼 부드럽다.

7   반죽을 늘였다 접는다. 강한 펀치로 반죽에 탄력을 더한다(자세한 내용은→P.295).

8·10   발효를 마친 반죽은 도우박스에서 쏟아져 내릴 만큼 부드럽다(8). 분할 후에 하는 둥글리기 작업
         은 반죽에 자극을 최대한 가하지 않고 조심스럽게 접어서 표면을 다듬는다(9·10·자세한 방법은
         →P.302).

10

11

12

13

14

11	둥글리기를 마친 반죽도 상온이 아니라 도우컨디셔너에 넣고 데워서 가벼운 식감을 만든다.
12-13	성형은 단단한 심을 만드는 '눌러 둥글리기'(12·자세한 내용은→P.316) 방식으로 한다. 최종발효를 마친 반죽은 발효 전보다 1.5배 정도 부푼다(13).
14	구울 때는 컨벡션 오븐을 사용한다. 굽는 과정에서 반죽이 1.2배 정도 더 부푼다.

팽드미 프랑스

버터의 풍부한 향을 느낄 수 있는
폭신폭신한 고배합 식빵.
디저트용 빵으로도 활약 중이다

'팽드미 프랑스'는 '팽드미 독일'과 마찬가지로 개업 당시부터 꾸준히 만들고 있는 식빵이다. 밀가루 양의 20%가 넘는 버터가 들어가기 때문에 오븐에서 꺼내는 순간 버터의 풍부한 향이 퍼진다. 유지가 많은 반죽으로, 믹싱을 충분히 하기 때문에 잘 늘어나 다루기 쉽다. 다양한 디저트용 빵에도 사용 중이다.

이 반죽은 믹싱을 마친 후에 발효를 시키지 않는 것이 특징이다. 반죽을 마치면 일단 -20℃의 냉동고에 넣어 온도를 급속히 떨어뜨려 발효를 멈춘다. 그 다음 -3℃의 냉동고로 옮겨 하룻밤 동안 냉동 보관한다. 다음 날 아침에 반죽을 워밍한 다음, 분할과 그 이후의 작업에 들어간다.

이처럼 반죽을 냉동하는 이유는 무엇일까? 첫 번째 이유는 반죽을 냉동하면 발효 타이밍을 원하는 대로 늦출 수 있어 공정을 좀 더 효율적으로 관리할 수 있다는 장점이 있다. 또 빙점보다 낮은 온도에서는 효모나 효소의 작용이 극도로 둔화된다. 따라서 이들이 생물 내에 존재하는 당질이나 단백질 같은 성분을 분해하는 일도 없으므로 재료의 맛이 그대로 남는 장점도 있다.

단, 파이 반죽은 온도가 빙점보다는 낮지만 -5℃ 이상인 환경에서는 의외로 꽁꽁 얼지 않고 부드러운 상태를 유지하기 때문에 서서히 변화가 일어난다. 발효는 억제되지만 주로 생물의 수화가 진행된다. 수분이 밀가루 입자 하나하나에 퍼진다고 생각하면 된다.

기술적인 측면에서도 한 가지 특징이 있다. 바로 이스트를 예비 발효시키는 점이다. 우리 가게에서는 인스턴트 드라이 이스트만을 사용한다. 이 이스트는 제품명에 '인스턴트'라는 표현이 들어가 있는 것처럼 원래는 예비 발효 없이 간편하게 사용할 수 있는 제품이다. 하지만 반죽을 냉동하면 효모나 효소가 활발하게 작용하는 '발효' 시간이 워밍 단계에서의 세 시간과 최종발효 단계에서의 한 시간으로 제한된다. 그러다 보니 발효가 충분히 이루어지지 않아 반죽의 볼륨감이 부족해지거나 반죽에 이스트 냄새가 남을 가능성이 생긴다. 이럴 때 이스트를 예비 발효시켜 두면 1차 발효를 하지 않아도 향긋하고 폭신폭신한 빵을 만들 수 있다.

이러한 기술은 내가 예전에 근무한 '단디종'에서 배운 내용들을 밑바탕으로 한 것이다. 하드 계열의 빵이나 팽드미 독일 등 대다수의 반죽에 적용하는 '미량의 이스트와 장시간 발효'와는 대조적인 공정이지만, '이스트 냄새가 나지 않게 하려는' 목적만큼은 같다고 할 수 있다.

인기가 많은 크림빵 '키빗크'은 팽드미 프랑스 반죽으로 만든다.

팽드미
프랑스

재 료 (밀가루 15kg 분량)

유메무스비 13500g
프라무 1500g
소금 300g
사탕수수 설탕 1410g
┌이스트 105g
│ 그래뉼러당 45g
└미온수(40℃) 750g
르방 리퀴드 R 3000g
르방 리퀴드 P 800g
무염 버터(냉동) 3150g
얼음물 9200g
첨가할 물 2120g

완성된 반죽의 양=35880g

Process

Preparation 준비
이스트, 그래뉼러당, 미온수를 볼에 넣고,
거품기로 저어 잘 섞은 다음 6분간 그대로
두어 예비 발효를 시킨다.

Mixing 믹싱
첨가할 물을 제외한 나머지 재료
↓→L6·ML10→첨가할 물↓↓→ML8
완성된 반죽의 온도 16~17℃

Stretch & Fold 펀치
펀치2(→P.291)

Freezing 냉동
-20℃ 3시간→-3℃ 하룻밤

Warming 워밍
상온에서 2시간

Dividing 분할
280g

Preshaping 둥글리기
식빵 둥글리기1(→P.302)

Rest 벤치 타임
상온에서 1시간

Shaping 성형
식빵 성형2(→P.317)

Final Rise 최종발효
32℃, 습도 78%, 1시간 30분

Baking 굽기
190℃ 20분→180℃10분

 발효 전

 발효 후

이 반죽은 하룻밤 동안 냉동고에 보관하기 때문에 겉보기에는 차
이가 그리 없어 보이지만, 숙성 중에 수화가 진행되어 반죽이 촉
촉해진다.

이스트의 힘으로
글루텐이 약한 반죽을 부풀린다

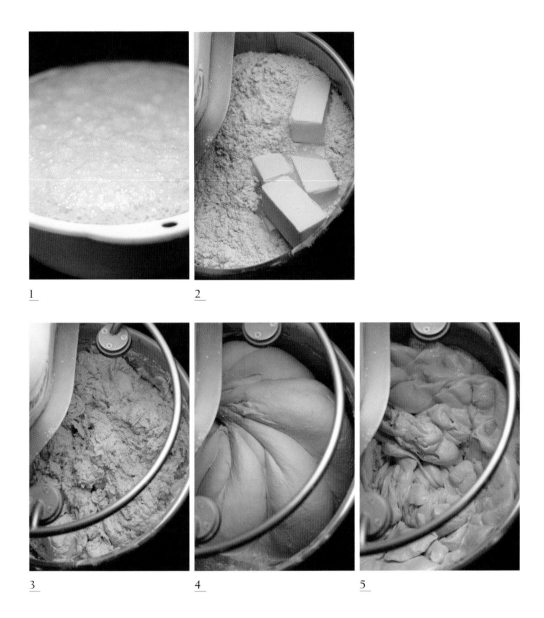

1

2

3

4

5

1-2 예비 발효를 시킨 이스트는 머랭처럼 거품이 일어나 있다(1). 버터는 차갑게 굳어 있는 상태에서 볼에 넣는다(2).

3-5 첨가할 물을 제외한 나머지 재료를 전부 섞기 시작한 다음(3), 반죽이 하나로 뭉쳐지고 섞인 자국이 남아 있을 정도가 되면(4) 물을 첨가한다(5).

6

7

8

9

10

11

6　　　　완성된 반죽은 윤기가 흐르고 매끄럽다. 반죽을 들어 올렸을 때 쭉 늘어날 만큼 반죽이 이완되어
　　　　야 빵의 식감이 좋아진다.

7-9　　펀치를 하면서 반죽의 상태를 확인한다. 부드럽게 늘어나면 된다(7). 반죽을 일정한 크기로 둥글
　　　　리기한 다음(8), 잘 부풀도록 층을 겹겹이 쌓아 성형한다(9·자세한 성형 방법은→P.317).

10-11　최종발효를 거치면 반죽이 1.5배 정도 부푼다(발효 전 10·발효 후 11).

이스트 사용법

예비 발효가 새로운 제빵의 가능성을 열다

우리 가게에서는 자가배양 효모종도 사용하고 있지만, 자가배양 효모종의 역할은 어디까지나 '발효 과정에서 생성되는 다양한 풍미'를 반죽에 전하는 것이다. 반죽을 폭신폭신하게 잘 부풀리고 싶을 때는 이스트를 사용하는 경우가 더 많다. 그리고 1차 발효를 거치지 않고 곧바로 냉동하는 빵은 이번에 소개한 것처럼 예비 발효시킨 이스트를 사용하고 있다. 효모의 영양원인 수분과 당분을 미리 전달해 두면 반죽의 풍미를 효모에게 쉽게 빼앗기지 않으며, 1차 발효를 생략하면 반죽에 들어가는 재료의 맛이 또렷해진다. 글루텐도 다른 재료의 맛을 가리는 요소가 되기 때문에 빵을 만들 때 다른 재료의 맛을 강조하고 싶다면 글루텐도 약한 것이 좋다. 1차 발효도 생략하고 글루텐도 형성하지 않는 것은 일반적인 사고 범위 내에서는 빵의 형태를 갖출 수 없는 방법이 되겠지만, 이스트를 예비 발효시켜 그 효과를 향상시키면 빵과 같은 식감과 촉감을 낼 수 있다. 그렇다는 것은 이제껏 보지 못한 새로운 방식이 또 다른 선택지가 될 가능성이 있다는 뜻이며, 이는 제빵의 가능성을 더욱 넓히는 일이 될 것이다.

팽드미 재팬

탱탱한 쌀겔을 첨가한 저글루텐 식빵
전분과 글루텐이 힘을 합쳐 반죽을 만든다

'팽드미 재팬'은 글루텐 알레르기가 있는 사람을 위해 만든 빵이다. 쌀가루에 여섯 배에 해당하는 물을 붓고 끓여서 푸딩처럼 탱탱한 페이스트 상태로 만든 '쌀겔'을 반죽에 첨가해 만든다. 쌀가루는 밀가루보다 흡수성이 뛰어나 반죽도 퍼석퍼석해지기 쉽다. 그래서 쌀가루에 미리 수분을 흡수시키고 이를 가열해서 전분을 알파화한 것을 반죽에 넣으면 촉촉하고 입 안에서 살살 녹는 빵이 만들어진다.

또 글루텐이 약한 반죽은 글루텐과 전분이 힘을 합쳐 빵의 골격을 이룬다고 보면 된다. 팽드미 재팬은 밀가루 중량의 45%에 해당하는 양의 쌀겔을 첨가하기 때문에 반죽이 무거워질 수밖에 없고 신장성도 떨어진다. 애초에 이 빵의 목적이 '저글루텐'이므로 밀가루에 함유된 단백질의 양도 높일 수 없지만, 글루텐을 억제하면서도 그와 동시에 식빵의 맛까지 살려야 하므로 두 가지 요소를 모두 고려해 사용할 밀가루와 배합을 결정했다.

믹싱할 때 처음부터 쌀겔을 넣으면 글루텐이 잘 형성되지 않으므로 쌀겔은 반죽에 추가하는 다른 재료와 비슷한 타이밍에 첨가하는 것이 좋다. 믹싱 초기에 글루텐을 충분히 형성한 다음, 쌀겔을 투입해 골고루 섞으면 글루텐의 양이 적더라도 반죽을 뭉칠 수 있다. 여기에 르방 리퀴드를 넣어 pH를 떨어뜨려 글루텐을 연화시킨다. 이스트를 충분히 사용해 반죽도 잘 부풀게 함으로써 전분의 쫄깃쫄깃한 식감과 빵에 어울리는 폭신폭신한 식감을 모두 느낄 수 있게 한다.

이 빵은 어느 날 우리 가게를 방문하신 시가 가쓰에이 씨가 내게 다른 사람에게 도움이 될 만한 빵을 생각해 보라며 과제를 내 주신 것을 계기로 개발하게 되었다. 때마침 어느 규슈대학 의학부 연구생이 나를 찾아와 글루텐프리 빵을 만들고 싶다고 상의를 해 왔기에 그 연구생과 함께 레시피를 고안하게 되었다. 내가 빵에서 '맛' 이상의 의미를 찾게 된 것이 아마 그때부터였던 것 같다. 지금도 글루텐 알레르기가 있는 손님들이 주변 사람들에게 음식물 부하 시험용으로 소개를 받고, 일부러 팽드미 재팬을 사기 위해 찾아오시는 경우가 있다. 이처럼 이 빵은 내게 빵집 주인이 되길 잘 했다는 생각이 들게 하는 빵이다.

쌀겔에 사용하는 쌀가루 '미즈호치카라'는 전분 속의 아밀로오스 비율이 높고, 점성이 낮다. 반죽이 너무 무거워지지 않아 빵을 만들기에 적합한 쌀가루라 생각한다.

팽드미
재팬

재료 (밀가루 5kg 분량)

유메무스비 3000g
기타노카오리 블렌드 2000g
소금 100g
사탕수수 설탕 500g
┌이스트 35g
│그래뉼러당 13g
└미온수(40℃) 250g
쌀겔 2250g
르방 리퀴드 P 1000g
무염 버터 1000g
연유 350g
우유 1000g
얼음물 2000g

완성된 반죽의 양=13498g

Process

Preparation 준비
이스트, 그래뉼러당, 미온수를 볼에 넣고,
거품기로 저어 잘 섞은 다음 6분간 그대로
두어 예비 발효를 시킨다.

Mixing 믹싱
밀가루, 소금, 사탕수수 설탕, 버터↓→L2~3→
쌀겔을 제외한 나머지 재료↓→L6·ML10→
쌀겔↓→ML2
완성된 반죽의 온도 15~16℃

Freezing 냉동
-20℃ 3시간→-3℃ 하룻밤

Warming 워밍
상온에서 3시간

Dividing 분할
280g

Preshaping 둥글리기
식빵 둥글리기1(→P.302)

Rest 벤치 타임
상온에서 1시간

Shaping 성형
식빵 성형2(→P.317)

Final Rise 최종발효
32℃, 습도 78%, 1시간 30분

Slashing 칼집 내기
세로로 1개 ▭

Baking 굽기
190℃ 20분→180℃10분

◇ 발효 전

◇ 발효 후

이 반죽은 하룻밤 동안 냉동고에 보관하기 때문에 겉보기에는 차이가 그리 없어 보이지만, 숙성 중에 수화가 진행되어 반죽이 촉촉해진다.

반죽을 비닐로 싸서 냉동 발효시키는 동안
압력을 가해 서서히 글루텐을 강화시킨다

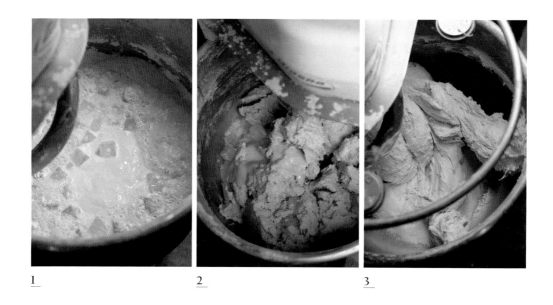

<u>1</u>   <u>2</u>   <u>3</u>

1-3   먼저 밀가루, 소금, 설탕, 버터를 잘 섞어 사블라주(sablage, 다른 재료들과 잘게 쪼갠 차가운 버
              터를 손으로 비벼 모래처럼 바슬바슬하게 만드는 것)한 다음, 쌀겔을 제외한 나머지 재료를 넣고
              믹싱을 한다(1·2). 쌀겔을 투입하기 전에 글루텐을 충분히 형성한다(3).

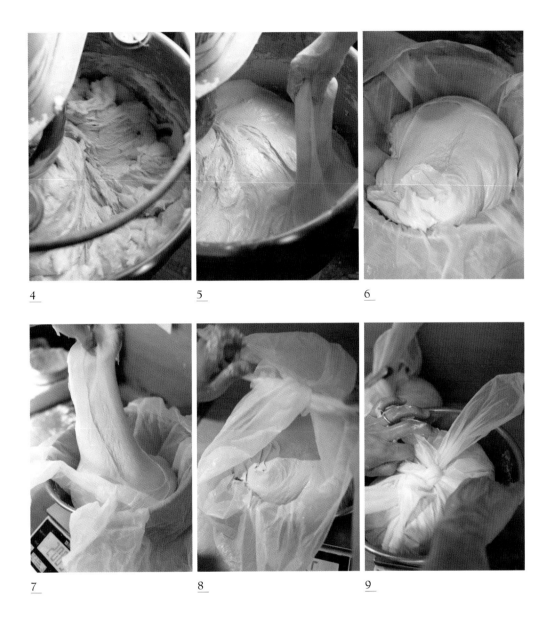

4-5 쌀겔을 투입해(4), 골고루 섞는다. 전분이 많은 반죽의 특징인 부드러우면서도 입에서 살살 녹는
     반죽이 완성된다(5).

6-10 반죽을 소분해서 비닐로 싼다. 이때 빈틈없이 단단히 싸야 반죽에 압력이 가해져 냉동 중에 글루
     텐이 강화된다. 반죽을 비닐로 싸는 것이 펀치와 비슷한 효과를 낸다.

10   11   12

13   14   15

11-13   분할·둥글리기를 할 때도 다른 식빵 반죽에 비해 신장성이 떨어지고 뻑뻑한 느낌이 든다(11~13).

14-15   성형 단계에서 반죽을 접을 때마다 꾹 눌러 층을 만들면서 틀에 담는다(14·15·자세한 성형 방법
은→P.317)

16 17

16·17 최종발효를 마친 반죽은 발효 전보다 1.2배 정도 부푼다. 반죽을 구운 후에도 오븐에 넣기 전보다 1.2배 정도 부푼다. 팽배율은 그리 높지 않다(발효 전 16·발효 후 17).

팽드미 브리오슈

입 안에서 살살 녹는 식감, 달걀과 우유의 부드러운 풍미.
슈 반죽처럼 부드럽게 넘어간다

우리 가게에서 판매하는 '팽드미 브리오슈'는 혀끝에서 살살 녹는 식감을 지닌 달콤한 반죽이다. 식빵 외에도 크림빵이나 멜론빵 등 디저트용 빵에도 많이 사용하고 있다.

이 반죽을 개발했을 당시에는 '달걀과 우유의 맛이 충분히 느껴지는 브리오슈'를 생각했다. 전통적인 브리오슈는 반죽에 버터와 달걀이 듬뿍 들어가지만, 달걀흰자가 굳으면서 식감이 조금 퍼석퍼석해진다. 그리고 반죽을 잘 부풀리기 위해 글루텐을 많이 형성할수록 '글루텐 맛'이 도드라져서 다른 재료의 맛이 가려져 버린다. 나는 기왕 달걀을 쓸 거라면 슈 반죽처럼 부드럽고 우유와 달걀의 맛이 충분히 느껴지는 브리오슈를 만들고 싶었다.

그래서 글루텐의 양을 빵의 형태를 간신히 유지할 수 있는 수준까지 줄여서 달걀이나 우유의 풍미가 느껴지게 하는 동시에 빵 반죽답게 가벼우면서도 입에서 살살 녹는 식감을 유지하고자 이 레시피를 개발하게 되었다. 글루텐을 끊어 버리기 위해 단호박을 하룻밤 동안 시럽에 재웠다가 데크 오븐에 구운 감로자(甘露煮, 과실이나 생선을 물엿이나 설탕으로 달게 조리는 요리)를 첨가했다.

박과 식물 중에서 전분 함유율이 높은 단호박은 반죽에 첨가했을 때 덩이줄기 채소보다 식감이 부드럽다. 반죽에 첨가해도 단호박 자체의 맛은 그리 느껴지지 않지만, 단호박에 든 전분이 글루텐의 형성을 방해해 더 촉촉한 식감을 낼 수 있다. 또 르방 리퀴드를 첨가해 pH를 낮춤으로써 글루텐을 연화시켜 부드러우면서도 입 안에서 살살 녹는 반죽을 만들었다. 글루텐의 양을 최소화했기 때문에 이 반죽으로 만든 빵은 일단 한 번 부풀었다가 식은 뒤에 조금 꺼져 버리는 편이다. 하지만 빵은 좀 못생겨도 괜찮다. 형태가 일정하지 않아도 괜찮다.

나는 '부작위의 작위'라는 말을 좋아하는데, 빵을 만들 때도 가끔 이 말을 떠올린다. 팽드미 브리오슈는 그야말로 절제의 미학이다. 발효와 굽는 과정에서 하나하나가 전부 다르게 변하는 반죽의 자연스러운 변화의 흔적이 내 눈에는 무척이나 맛있게 보인다.

펄 슈가(우박설탕)을 싸서 둥글게 빚은 '브리오슈 롤'(왼쪽)이나 버터를 만 '브리오슈 가염 버터 구이'(오른쪽) 등 반죽의 맛을 살린 심플한 소형 빵도 인기가 있다.

팽드미
브리오슈

재료 (밀가루 5kg 분량)

기타노카오리 블렌드 5000g

소금 110g

사탕수수 설탕 550g

┌이스트 50g

│ 그래뉼러당 10g

└미온수(40℃) 250g

단호박 감로자(→P.268) 500g

르방 리퀴드 R 2000g

벌꿀 150g

무염 버터 2000g

전란 900g

우유 1450g

얼음 1500g

첨가할 물 1250g

완성된 반죽의 양=15720g

하룻밤 동안 시럽에 재웠다가 데크 오븐에 구운 단호박. 식사용 빵 등을 만들 때도 활용한다.

Process

Preparation 준비

이스트, 그래뉼러당, 미온수를 볼에 담고 거품기로 잘 섞은 다음 6분 동안 그대로 두어 예비발효를 시킨다.

Mixing 믹싱

첨가할 물을 제외한 나머지 재료↓→L9·ML12→ 첨가할 물↓↓↓→ML5~6
완성된 반죽의 온도 13℃

Dividing 분할

4등분해서 볼에 옮긴다

Stretch & Fold 펀치

펀치3(→P.292)

Freezing 냉동

-3℃에서 하룻밤

Warming 워밍

상온에서 3시간

Dividing 분할

220g

Preshaping 둥글리기

식빵 둥글리기2(→P.303)

Rest 벤치 타임

상온에서 30분

Shaping 성형

식빵 성형3(→P.319)

Final Rise 최종발효

상온에서 1시간 30분

Baking 굽기

190℃ 20분→180℃ 10분

◇ 발효 전

◇ 발효 후

펀치 작업을 해서 가스를 뺀 다음, 하룻밤 동안 영하의 온도에 둔다. 겉보기에는 냉동 전후의 모습이 크게 차이 나지 않지만, 비닐로 싸서 살짝 압력을 가하면 반죽이 더 팽팽해진다.

슈 반죽처럼 입 안에서 잘 녹도록
달걀과 우유를 최대한 많이 넣은 독특한 브리오슈

1-3   첨가할 물을 제외한 나머지 재료를 볼에 넣고 믹싱한다(1~3). 온도가 올라가지 않도록 처음에는 수분을 얼음으로만 공급한다.

4-5   반죽이 뭉쳐질 때쯤에는 얼음이나 버터 덩어리도 거의 사라져 반죽이 매끄러워진다(4). 5처럼 반죽이 팽팽해지기 시작하면 물을 넣는다.

6   7   8

9   10   11

6   물을 첨가하면 반죽이 일단 한 번 풀어진다. 반죽이 다시 뭉쳐지면 물을 더 넣는다.

7-8   반죽이 완성된 모습. 육안으로 보기에도 반죽이 걸쭉하고 윤기가 흐른다(7). 반죽은 탄력이 있으
           며, 잡아당기면 쭉 늘어난다(8).

9-10   반죽을 소분한 다음(9), 펀치 작업을 한다. 반죽을 작업대로 옮긴 다음 사방에서 접는다(10). 반죽
           이 매우 부드럽기 때문에 박자에 맞추어 접는 것이 포인트다(자세한 내용은→P.292).

11   위밍을 마친 반죽도 부드럽다.

12·13   분할과 둥글리기 작업도 반죽에 가급적 부담이 가지 않게 한다.

14   글루텐이 약한 반죽이므로 식빵을 만들 때는 반죽이 끊어지지 않게 주의하면서 반죽을 층층이 쌓아 심을 만들어 성형한다(자세한 내용은→P.319).

15·16   틀에 담은 반죽(15). 이스트를 일정량 첨가했기 때문에 최종발효를 마친 반죽은 상온에서도 발효 전보다 두 배 정도 부푼다(16). 그리고 오븐에 구운 후에도 거의 비슷한 크기를 유지한다.

팽드미 크루아상

접기형 반죽의 자투리를 활용.
울퉁불퉁한 모양도 매력적

'팽드미 크루아상'이라고 부르고 있지만, 실제로는 데니시 페이스트리 반죽과 크루아상 반죽을 함께 사용해서 만든 식빵이다.

크루아상이나 데니시 페이스트리를 만들다가 남은 반죽을 모아 둔다. 이렇게 모은 자투리 반죽을 하나로 뭉친 다음, 밀대로 평평하게 밀어 모양을 다듬고, 식빵과 마찬가지로 성형해서 틀에 담아 굽는다. 다른 식빵 반죽보다 단단한 편이기 때문에 성형할 때 손바닥 아랫부분을 이용해서 세게 눌러 무거워진 층을 밀착시키면서 성형한다. 이렇게 하면 다양한 방향을 향한 채로 틀에 담긴 접기형 반죽이 최종발효와 굽는 과정에서 예상치 못한 방향으로 부풀어 오르면서 울퉁불퉁한 모양을 한 재미있는 식빵이 된다.

접기형 반죽은 원래 버터가 많이 들어가기 때문에 버터를 따로 바르지 않아도 부드럽다. 자투리 반죽으로만 만들기 때문에 하루에 열 개도 채 굽지 못하지만, 당일에 거의 다 팔려 나갈 만큼 이제는 우리 가게의 숨은 히트 상품이 되었다. 이 빵은 큰 수고를 들이지 않고도 많은 양의 자투리 반죽을 활용할 수 있다는 장점이 있다.

최종발효 전(왼쪽)과 최종발효 후(오른쪽)의 모습 32℃·습도 78%에서 발효시키면 반죽이 1.5배 정도 부푼다. 오븐에 구우면 틀 위로 솟아오를 만큼 부푼다.

빵에 혼을 담다

지금까지 많은 빵의 레시피를 소개했다. 하지만 우리가 빵을 만드는 실제 방법은 레시피에 기재해 놓은 숫자만으로 다 표현할 수 없다.

예를 들어 믹싱을 마친 브리오슈 반죽을 맛보았을 때, 글루텐이 조금 남아 있는 느낌이 들어서 글루텐을 없애기 위해 우유를 조금 더 첨가했다고 하자. 그렇게 하면 반죽이 갑자기 입안에서 스르륵 녹는 식감으로 바뀌기도 하고, 반죽에 섞은 재료의 맛이 도드라져서 전혀 다른 인상을 주기도 한다. 하지만 이런 미세한 차이는 레시피에 일일이 적을 수 없다.

빵은 어디까지나 음식이므로 맛있는 빵을 만들고 싶다면 직접 맛을 보며 혀끝으로 판단하는 것이 가장 적절할 것이다. 재료의 배합뿐만이 아니라 믹싱 시간, 펀치의 강도, 발효 시간 등 우리는 매일 직접 반죽을 만지고 맛을 보면서 좀 더 나은 방향으로 끊임없이 조정해 나가고 있다.

이처럼 레시피에는 대부분 드러나지 않는 최종 단계에서의 미세한 조성을 반복해 나가나 보면 언젠가는 혼이 담긴 맛이 완성된다.

수많은 고민과 생각을 매일 거듭하다 보면 깨닫지 못하는 사이에 조금씩 빵이 맛있어진다. 그런 빵이 팽 스톡다운 빵이라 생각한다.

CHAPTER
7

데니시
페이스트리

초콜릿 너트

프랑브와즈 쇼콜라

하나의 반죽이 최종발효의 유무나 성형에 따라 다채롭게 변화한다
미지의 가능성을 품고 있는 데니시 페이스트리 반죽

버터를 감싸 만드는 접기형 반죽의 이상적인 모습은 내가 풀어야 할 영원한 과제와 같다 '그래, 이거야!'라는 생각이 들 만한 수준에 좀처럼 도달하지 못하고 있기 때문이다. 데니시 페이스트리와 크루아상의 진정한 맛은 어디쯤에 있을까? 폭신폭신한 게 좋을까? 아니면 바삭바삭한 게 좋을까? 그도 아니면 촉촉한 게 좋을까? 끊임없이 이런 고민을 하며 다른 직원들과 함께 다양한 반죽을 개발해 왔다.

그 가운데 하나가 주말 한정 상품으로 내놓고 있는 '카카오 파이'라는 반죽이다. 카카오파우더를 넣은 접기형 반죽은 손으로 반죽해서 만들기 때문에 글루텐이 그리 강하지 않다. 이를 세 겹 접기를 세 번 해서 데니시 페이스트리 반죽으로 만든 다음, 성형 전에 마지막으로 두께가 2.5mm가 되게 얇게 늘여 가벼운 식감이 나게 한다. 성형 후에 최종발효를 하지 않고, 오븐의 열기로 단숨에 층을 부풀리면 층 하나하나가 전부 얇고 바삭바삭하게 구워진다. 가나슈와 프랑브와즈를 싼 '프랑브와즈 쇼콜라'는 이처럼 바삭바삭한 반죽과 부드러운 가나슈의 대조적인 식감이 인상적인 제품이다.

그리고 매일 만들고 있는 플레인 데니시 페이스트리 반죽은 늘이는 방법이나 최종발효의 유무에 따라 다채롭게 변화한다. 미트소스나 비프스튜 등 요리가 메인인 상품에 사용할 때는 반죽을 파이롤러로 늘인 다음 밀대로 최대한 얇게 밀어서 쓴다. 이렇게 얇은 반죽을 최종발효를 하지 않고 구우면 매우 섬세하게 부서지기 때문에 요리와 잘 어우러진다.

또 똑같은 반죽을 틀에 담아 발효시킨 다음 오븐에 구워 껍질을 만든 다음, 그 안에 각 계절별로 제철을 맞은 재료를 풍성하게 담은 데시니 페이스트리도 인기가 많다. 폭신폭신한 식감이 신선한 과일이나 크림과 잘 어울린다.

참고로 언젠가 한번 카카오 파이를 일반 데시니 페이스트리처럼 3mm 두께로 만들어 본 적이 있다. 겉보기에는 잘 구워진 것 같아 보였지만, 입에 넣자 딱딱했다. 불과 0.5mm밖에 차이가 나지 않았는데 결과가 너무나 달라 반죽의 두께가 얼마나 중요한지 새삼 깨달았다. 좀 더 가벼운 식감을 원한다면 반죽을 좀 더 얇게 만들어 보는 것도 재미있을 것 같다.

크로칸트

카카오 파이 반죽의 자투리를 둥글게 뭉친 다음, 평평하게 눌러 구운 디저트로, 시나몬 슈가의 풍미를 느낄 수 있다. 겉은 바삭바삭하고, 속은 부드러우며 버터향이 물씬 풍긴다.

초콜릿 너트
프랑브와즈 쇼콜라

재 료 (밀가루 1kg 분량)

카카오 파이 반죽

접기형 반죽

유메무스비 600g

프라무 400g

A
┌ 소금 20g
│ 사탕수수 설탕 100g
│ 카카오파우더 50g
│ 우유 530g
└ 포도씨유 40g
┌ 이스트 10g
│ 그래뉼러당 2g
└ 미온수(40℃) 80g

르방 리퀴드 R 100g

접기형 반죽용 버터

무염 버터 600g

완성된 접기형 반죽의 양=1932g

초콜릿 너트

가나슈(→P.249) 5g

크렘 다망드(Crème d'amande) 10g

커버추어초콜릿(루비) 적당량

껍질이 있는 구운 아몬드(부순 것) 적당량

프랑브와즈 쇼콜라

프랑브와즈(냉동) 1개

가나슈(→P.249) 20g

Process

Preparation 준비

* 접기형 반죽용 버터를 밀대로 두드려 가로세로 25cm 크기로 만든 다음, 비닐로 싸서 냉장고에 하룻밤 둔다.
• A의 재료를 거품기로 잘 섞는다.
• 이스트, 미온수, 그래뉼러당을 볼에 넣고, 거품기로 잘 섞은 다음, 6분간 그대로 두며 예비발효를 시킨다.

Hand Mixing 손 반죽

A의 재료를 제외한 나머지 재료를 섞는다. 골고루 잘 섞이면 A의 재료를 첨가해 반죽한다. 뭉치지 않고 잘 섞이면 반죽을 끝마친다.

완성된 반죽의 온도 16℃

Freezing 냉동

–20℃ 3시간→–3℃ 하룻밤

Butter Folding 접기

세 겹 접기 3번

가로세로 약 40cm로 늘인 반죽으로 버터를 감싼다.
첫 번째=120cm×40cm×두께 8mm로 늘인 다음, 세 겹으로 접어 냉장고에 넣어 식힌다.
두 번째·세 번째=각각 30~40분 뒤에 90도씩 방향을 바꿔가면서 첫 번째와 마찬가지로 세 겹 접기를 한 다음, 냉장고에 넣어 식힌다.

Seating 마지막 늘이기

두께 2.5mm, 폭 40cm

Dividing 분할

9.5cm 길이의 정사각형

Freezing 냉동
-3℃ 하룻밤

Shaping 성형
초콜릿 너트 :
　가나슈 5g
　크렘 다망드 10g
프랑브와즈 쇼콜라 :
　프랑브와즈 1개, 가나슈 20g

Baking 굽기
175℃ 23분

Finishing 마무리
초콜릿 너트:
녹인 초콜릿을 바르고, 아몬드를 뿌린다.

무염 버터는 수분이 적어 접기 쉬운 홋카이도산 제품을 사용한다. 계량한 버터 덩어리를 밀대로 두드려 평평하게 만든 다음, 가장자리를 정리해 가며 밀대로 밀어 준비해 둔다.

얇게 늘여서 바삭바삭한 식감의
카카오 파이 반죽을 만든다

<u>1</u>　　　　　<u>2</u>　　　　　<u>3</u>

1 - 3　　　　부재료는 뭉치지 않고 잘 섞이도록 미리 거품기로 잘 섞어 둔다(1). 모든 재료를 섞을 때는 밑에서
　　　　　　부터 퍼 올리듯이 섞는다(2, 3).

4   5   6

7   8   9

5-6   반죽을 볼에서 꺼내어 가로세로 25cm길이의 정사각형으로 다듬은 다음, 비닐로 싸서 냉동한다
           (5·6). 하룻밤 동안 두면 반죽의 수화가 진행되어 잘 늘어나게 된다. 다음 날 파이롤러로 가로세
           로 40cm길이로 늘인다(7).

8-11   정사각형 모양의 반죽을 90도 회전시켜 파이롤러에 놓고, 버터를 올릴 위치를 밀대로 표시해 둔
           다(8). 표시한 선에 맞추어 버터를 올리고 반죽으로 감싼다(9). 윗부분을 밀대로 밀어서 반죽의
           이음매를 밀착시킨다(10). 파이롤러에 돌려 120cm×40cm 크기로 늘인 다음, 세 겹 접기를 한다
           (11). 밀대를 가볍게 굴려 반죽을 가라앉힌 후, 비닐로 싸서 냉동고에 넣는다(접기형 반죽을 만드
           는 자세한 방법은→P.321).

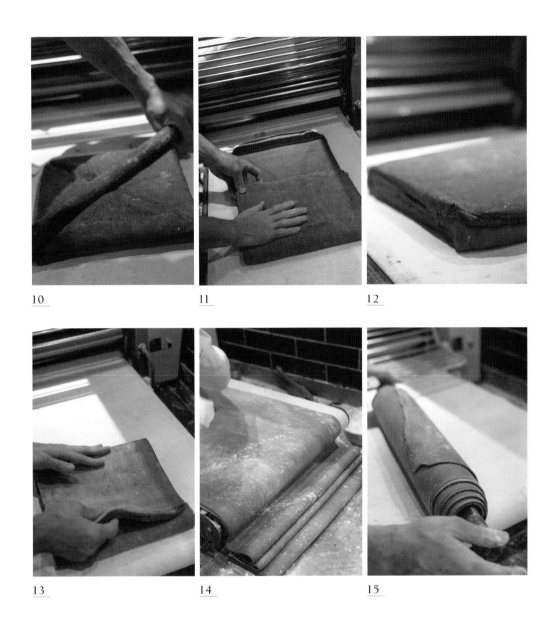

10   11   12

13   14   15

12-13   30~40분 뒤에 같은 방법으로 세 겹 접기를 한다. 세 겹 접기를 총 세 번 한다.

14-15   두께 2.5mm, 폭 40cm로 반죽을 늘인 다음, 밀대로 말아서 작업대로 옮긴다.

16-17   파이 커터를 이용해서 9.5cm 너비로 자른다(16). 띠 모양으로 잘린 반죽 두 장을 겹쳐서 9.5cm
         크기로 자른다. 반죽을 그대로 랩으로 싸서 냉동한다(17).

18-19   초콜릿 너트를 성형한다. 가나슈를 반죽 중앙에 바른 다음, 9.5cm 길이의 막대 모양으로 다듬은
         크렘 다망드를 얹고(18), 양옆에서 감싼다(19).

20-21   프랑브와즈 쇼콜라를 성형한다. 프랑브와즈와 가나슈를 반죽 중앙에 올리고, 네 모서리를 가운데
         로 모아 붙인다(20). 일정한 간격으로 오븐팬에 올린다(21).

<u>22</u> <u>23</u> <u>24</u>

22   굽는 동안 이음매와 접힌 층이 벌어지면서 성형 직후와 다른 모습으로 변한다.

23-24 다 구워진 초콜릿 너트의 모습(23). 한 김 식으면 뒤집어 평평한 바닥면이 위로 오게 한다. 녹인
      초콜릿을 바르고, 잘게 부순 아몬드를 뿌린다(24).

크로칸트

재료

카카오 파이 반죽의 자투리 적당량

초콜릿 칩 적당량

잘게 부순 호두 적당량

시나몬 슈가[※] 적당량

※ 그래뉴러당 600g과 시나몬 파우더 30g을 골고루 섞은 것

1 카카오 파이 반죽의 자투리를 1.5cm 크기로 썬다.

2 초콜릿 칩, 호두, 시나몬 슈가와 잘 버무려 하나로 뭉친 다음, 85g씩 분할해 둥근 완
자 형태로 만든다.

3 오븐팬에 나란히 얹고, 상온에서 2시간 동안 최종발효를 시킨다.

4 손으로 눌러 평평한 원형을 만든 다음, 그 위에 시나몬 슈가를 뿌려 200℃에서 18분
동안 굽는다.

데니시 페이스트리 반죽

재료(밀가루 3kg 분량)

접기형 반죽
  프라무 1500g
  유메치카라 1500g
  소금 60g
  사탕수수 설탕 270g
  ┌이스트 30g
  │그래뉼러당 6g
  └미온수(40℃) 300g
  르방 리쿼드 P 150g
  19세기 바게트 반죽 750g

무염 버터 300g
냉수 1260g
접기형 반죽용 버터
 무염 버터 600g×3

완성된 접기형 반죽의 양=6126g

1   재료를 준비한다.
       ①접기형 반죽용 버터를 밀대로 두드려 25cm 길이의 정사각형으로 만든다. 비닐로 싸서 냉장고에 하룻밤 둔다.
       ②이스트, 그래뉼러당, 미온수를 볼에 넣고 거품기로 잘 섞은 다음, 6분간 그대로 두며 예비발효를 시킨다.
       ③냉수를 볼에 담고, 볼 바닥을 얼음물에 담가 0~5℃로 식힌다.

2   접기형 반죽용 버터를 제외한 나머지 재료를 전부 볼에 넣고 저속 4분·중저속 1분을 기준으로 믹싱한다. 완성된 반죽의 온도는 15~16℃.

3   반죽을 삼등분해서 도우박스에 옮겨 담는다.

4   둥글리기를 한 다음 표면을 다듬는다. 반죽을 사방에서 중앙을 향해 접는다. 이음매가 바닥에 가게 놓고 20분간 휴지한다.

5   반죽을 밀대로 밀어 25cm 크기의 정사각형을 만든 다음, 비닐로 싼다.

6   -3℃의 냉동고로 옮겨 4~5시간 둔다.

7   P.206 ~ 207에 나온 7~13처럼 반죽으로 버터를 감싼 다음, 세 겹 접기를 세 번 한다.

8   냉장고에 넣어 휴지한 다음, 완성형(다양한 데니시 페이스트리의 레시피는 P.271 ~ 281)에 맞추어 두께 3mm~3.5mm로 늘여 자른다.

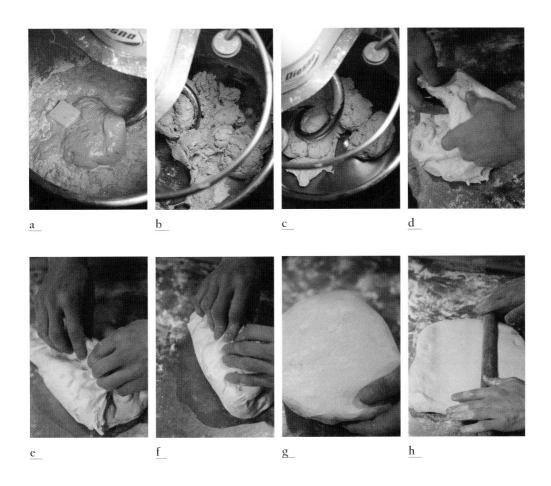

a ~ c 처음에는 저속으로 재료를 뭉치지 않게 섞는다(a·b). 가루가 더 이상 보이지 않으면 회전 속도를
         높이고, 반죽이 뭉쳐지면 믹싱을 멈춘다(c).

d ~ h 반죽을 아래쪽(d)과 위쪽(e)에서 중앙으로 접은 다음, 다시 두 겹 접기를 한다(f). 이음매가 없는
         부분을 위로 놓고 휴지한 다음(g), 밀대로 가볍게 밀어 사각형 모양을 만든다(h).

CHAPTER

8

팽 스톡
올스타즈

인기 있는 빵을 평평한 진열대에 쭉 늘어놓은 매장 내부의 모습

언제 들러도 즐겁고 두근거리는 공간으로 만들고 싶은 바람

식사용 빵이나 디저트용 빵을 가장 다양하게 갖추고 있는 빵집은 일본의 빵집들이 아닐까 싶다. 우리 가게도 부동의 인기를 자랑하는 '명란 프랑스'를 비롯해 크림빵이나 치즈빵 등 대표적인 인기 상품을 많이 갖추고 있고, 나나 직원들 모두 매일같이 새로운 빵을 개발해 선보이고 있다.

나는 우리 빵집을 문을 연 순간 가슴이 두근거릴 만큼 즐거운 곳으로 만들고 싶은 바람이 있다. 누구나 아는 맛이라 보는 순간 본능적으로 손을 뻗게 되는 대중적인 빵도 물론 아끼지만, '저건 무슨 맛일까?'하고 상상하게 되고, 왠지 모르게 기대하게 되는 우리 가게만의 독창적인 빵도 만들고 싶다. 같은 크림빵이나 멜론빵도 반죽을 달리하면 어떻게 바뀔까 싶어 새로운 시도를 하다 보니 차츰 그 종류가 늘어났다.

또 반죽도 매일 상태를 살펴 가며 재료의 배합을 미세하게 조정하고 있기 때문에 똑같은 빵도 조금씩 진화를 거듭해 지금의 모습을 갖추게 되었고, 앞으로도 더 진화해 나갈 빵이 틀림없이 있을 것이다. 효율성을 생각한다면 상품의 종류를 줄이고, 레시피도 하나로 정해서 매일 같은 작업을 반복하는 것이 좋을 수 있다. 하지만 날마다 새로운 빵을 선보이는 것이 직원들에게나 손님들에게나 더 신선하고 즐겁지 않을까?

이번 장에서 소개할 빵들은 그렇게 레시피에 변화를 주다 어느새 우리 가게의 인기 상품이 되어 버린 빵들이다. 그런 빵들을 전부 소개한 것도 아니고, 빵에 다른 재료를 끼우거나 얹기만 하는 샌드위치나 타르틴(tartine)은 제외했기 때문에 실제로는 이보다 훨씬 많은 종류의 빵이 매장에 진열되어 있다. 아침에 한 번, 또는 오후에 한 번, 혹은 주말 한정과 같은 식으로 빵이 나오는 시간대나 요일이 정해져 있는 빵도 있다. 얼마 전에 우리 가게의 라인업을 정리해 보았더니 무려 100가지가 넘었다. 정말 많은 종류의 빵을 만들고 있구나 싶어 왠지 감개무량했다.

앞으로도 팽 스톡에는 또 다른 인기 제품이 새롭게 등장할 것이다. 몇 번을 들러도 언제나 새로운 빵을 발견할 수 있고, 또 한편으로는 손님이 좋아하는 빵을 늘 변함없이 살 수 있는 그런 빵집으로 남고 싶다.

명란 프랑스

후쿠오카의 명물인 명란을 수제 마요네즈, 규슈산 버터
와 섞어서 19세기 바게트 사이에 바른 빵이다. 마지막
에 다시 한 번 오븐에 굽기 때문에 겉은 바삭바삭하고
향긋한 반면 속은 촉촉하다. 한 번 먹기 시작하면 멈출
수 없어 그 맛에 반한 중독자들이 속출하고 있다.

미니 명란 프랑스

큰 바게트가 부담스러운 사람에게 좋은 소형 명란 프랑
스. 바게트 반죽을 쿠페빵 모양으로 만들면 부드러운 크
럼이 늘어나 먹기 편하다.

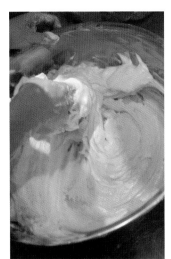

흰색을 띤 규슈산 버터는 비린내가 나지 않고 부드럽게 혀끝을 감싼다. 많은 양을 사용해도 느끼하지 않다. 마요네즈 맛의 비결은 재료로 들어간 다시마차다. 다시마차의 감칠맛이 마요네즈 맛의 핵심이다.

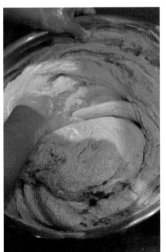

버터+마요네즈와 명란을 1:1에 가까운 비율로 섞으면 은은한 분홍색을 띤 크림이 된다.

어린이용 명란 프랑스

사랑하는 딸의 요청으로 만들었기 때문에 '어린이용 명란 프랑스'라 명명한 이 빵은 쫄깃쫄깃한 루스티크 사이에 명란 크림을 발랐다.

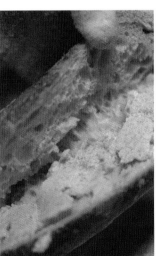

명란 프랑스 빵을 하루에 수백 개
나 만들기 때문에 마무리 작업은
전 직원이 분담하고 있다. 당연히
나도 함께 한다.

만드는 방법은→P.222

명란 프랑스

재료

19세기 바게트(→P.91) 1개
명란 크림 50g+15g
흑후추 적당량

1 바게트의 3분의 2 정도 깊이까지 비스듬
   하게 칼집을 내고, 명란 크림 50g을 그 사
   이에 바른다. 표면에 명란 크림 15g을 바
   르고, 흑후추를 뿌린다.
2 분무기로 물을 살짝 뿌린 다음, 200℃에
   1~2분 동안 굽는다.

미니 명란 프랑스

재료

19세기 바게트 반죽(→P.91) 100g
명란 크림 25g+7g
흑후추 적당량

1 19세기 바게트 반죽을 쿠페빵 모양으로
   성형한 다음, 칼집을 내어 윗불 250℃, 아
   랫불 230℃에서 굽는다.
2 비스듬하게 칼집을 내고 그 사이에 명란
   크림 25g을 바른 다음, 표면에 명란 크림
   7g을 바르고 흑후추를 뿌린다.
3 분무기로 물을 살짝 뿌린 다음, 200℃에
   1~2분 동안 굽는다.

어린이용 명란 프랑스

재료

기타노카오리 루스티크(→p.110) 1개
명란 크림 25g
흑후추 적당량

1 기타노카오리 루스티크에 수평으로 칼집
   을 내고, 명란 크림을 바른 다음 흑후추를
   뿌린다.
2 분무기로 물을 살짝 뿌린 다음, 200℃에
   1~2분 동안 굽는다.

⋮ 명란 크림

재료 (만들기 쉬운 분량)

명란 3000g
무염 버터 2600g
마요네즈
 ┌달걀노른자 100g
 │쌀 식초 50g
 │벌꿀 40g
 │홀 그레인 머스터드 25g
 │다시마차(분말) 20g
 └카놀라유 1000g

1 마요네즈를 만든다.
   ①카놀라유를 제외한 나머지 재료를 푸
    드 프로세서에 넣어 골고루 섞는다.
   ②잘 섞였으면 카놀라유를 조금씩 넣어
    가며 돌린다.
2 버터를 상온에서 녹인 다음, 손으로 으깨
   어 부드럽게 한다.
3 2에 1의 마요네즈, 명란을 순서대로 넣고
   그때마다 뭉치지 않게 잘 섞는다.

어떤 빵이든
최고의 경지라 할 수 있는 맛이 존재한다

"명란 프랑스 같은 빵, 솔직히 만들고 싶지 않지?"
가게를 오픈한 지 몇 년쯤 지났을 무렵, 같은 업계 선배에게 이런 말을 들은 적이 있다.

그 무렵 명란 프랑스는 우리 빵집의 대표 상품이 되어 있었다. 하지만 'B급' 이미지가 있는 명란 프랑스만 팔려서야 제빵사로서 그리 기쁘지 않을 거라고……어쩌면 나를 생각해서 해 준 말일 수도 있다.

물론 나는 다른 무엇보다 반죽에서 최상의 맛을 이끌어내고자 하는 괴짜인지라 꾸준한 노력으로 발전시켜 온 바게트가 그 자체만으로도 인기를 얻는다면 물론 기쁠 것이다. 하지만 소위 B급으로 일컬어지는 빵도 일류 기술로 만들면 전혀 다른 빵이 된다고 생각한다.

바게트가 단독으로는 잘 팔리지 않았지만, 이를 이용해 명란 바게트를 개발한 결과, 바게트 자체가 팔리게 되어 하루에 수백 개가 넘는 바게트를 만들게 되었다. 이렇게 많은 바게트를 만들다 보면 자연히 나나 다른 직원들도 제빵 기술을 연마하게 되어 바게트를 더 맛있게 만들 수 있게 된다.

명란 프랑스도 해마다 조금씩 발전해 지금의 맛이 완성되었다. 원재료만 하더라도 처음에는 시중에 판매되는 명란을 사용했지만, 구입량이 늘어나 이제는 우리 가게만을 위한 명란을 따로 주문하게 되었다. 업자 분과 상의해서 첨가물을 최대한 줄인 깔끔하고 먹기 편한 명란을 사용하게 되었다. 마요네즈도 직접 만들어 사용하게 되었고, 식초는 교토의 '지도리스(千鳥酢)'를, 기름은 처음 짠 카놀라유를 구입하고 있다. 조금씩 개선을 거듭한 결과, 지금의 명란 프랑스가 있는 것이다. 그리고 앞으로도 계속 조금씩 진화해 나갈 것이다.

아직은 대중적이지 않은 호밀빵이든 인기가 많은 디저트용 빵이나 식사용 빵이든 간에 저마다 최고의 경지라 할 수 있는 맛이 존재한다고 생각한다. 혹시라도 서민적인 빵이라는 생각이 들어 조금이라도 대충 만든다면 아깝지 않을까. 나는 어떤 빵이든 어제보다는 오늘, 오늘보다는 내일 조금이라도 더 나은 맛을 찾으려 노력하고 있다.

파티시에르 드 팽 스톡

탄력 있는 식빵 반죽은 쫄깃쫄깃하고, 안에 든 진한 크림
은 달콤하다. 손으로 싼 흔적을 그대로 살려 구운 빵으로,
소박한 모양새가 향수를 느끼게 하는 매력이 있다.

이음매가 위로 오게 오븐팬에
담아 오븐에 넣는다.

키빗크

버터를 듬뿍 넣은 식빵 반죽으로 둥근 조개껍질 모양
을 만들어 일반적인 크림빵과 차별화한 빵이다. 사탕수
수 설탕이 들어간 크림을 넣기 때문에 사탕수수를 뜻
하는 '키비'와 '크림'을 합쳐 '키빗크'라는 이름을 붙였다.
독특한 이름 덕분에 손님들이 많이 기억해 주신다.

레장 홍차크림빵
프리미엄 홍차크림빵

향이 좋은 홍차 크림은 얼 그레이를 우린 홍차 우유가
들어갔다. 홍차 크림을 팽드미 레장이나 브리오슈의 반
죽으로 싼 다음 분당을 뿌려 디저트용 빵으로 만들었다.

레장 크림빵

의외로 먹을 일이 적은 건포도빵으로 만든 크림빵.
레이즌의 새콤달콤한 맛이 포인트다.

틀에 넣어 구운 크림빵.

만드는 방법은→P.228 ~ 229

파티시에르 드 팽 스톡

재료

팽드미 독일 반죽(→P.164) 55g
커스터드크림 55g

1 팽드미 독일 반죽으로 커스터드크림을
   감싼 다음, 이음매가 위를 향하게 오븐팬
   에 올린다.
2 32℃·습도 78%에서 1시간~1시간 30분
   동안 발효시킨다.
3 200℃에서 12분 동안 굽는다.

키빗크

재료

팽드미 프랑스 반죽(→P.172) 40g
커스터드크림 40g

1 팽드미 프랑스 반죽으로 커스터드 크림
   을 감싼 다음, 이음매가 위를 향하게 코키
   유(Coquille, 조개) 틀에 담는다.
2 32℃·습도 78%에서 1시간~1시간 30분
   동안 발효시킨다.
3 200℃에서 12분 동안 굽는다. 틀에서 꺼
   내어 조개껍데기 무늬가 위로 오게 놓고
   식힌다.

레장 홍차크림빵

재료

팽드미 레장 반죽(→P.136) 70g
홍차 커스터드크림 40g
분당 적당량

1 팽드미 레장 반죽으로 홍차 커스터드크
   림을 감싼다. 이음매가 아래를 향하게 한
   다음, 깊은 폼포네트(pomponette) 틀에
   올린다.
2 32℃·습도 78%에서 1시간~1시간 30분
   동안 발효시킨다.
3 200℃에서 12분 동안 굽는다.
4 틀에서 꺼내어 식힌 다음, 분당을 뿌린다.

프리미엄 홍차크림빵

재료

팽드미 브리오슈 반죽(→P.186) 40g
홍차 커스터드크림 40g
분당 적당량

1 팽드미 브리오슈 반죽으로 홍차 커스터
   드크림을 감싼다. 이음매가 아래를 향하
   게 한 다음, 깊은 폼포네트 틀에 올린다.
2 32℃·습도 78%에서 1시간~1시간 30분
   동안 발효시킨다.
3 200℃에서 12분 동안 굽는다.
4 틀에서 꺼내어 식힌 다음, 분당을 뿌린다.

레장 크림빵

재료

팽드미 레장 반죽(→P.136) 70g
커스터드크림 40g

1 팽드미 레장 반죽으로 홍차 커스터드크림을 감싼다. 이음매가 아래를 향하게 하고, 지름이 6.5cm인 폼포네트 틀에 담는다.
2 32℃·습도 78%에서 1시간~1시간 30분 동안 발효시킨다.
3 200℃에서 12분 동안 굽는다.

: 커스터드크림

재료(만들기 쉬운 분량)

달걀노른자 800g
그래뉼러당 400g
사탕수수 설탕 400g
박력분 160g
콘스타치 20g
우유 2800g
탈지농축우유 300g
무염 버터 40g

1 달걀노른자에 그래뉼러당을 섞은 다음, 사탕수수 설탕을 넣고 뭉치지 않게 섞는다.
2 박력분과 콘스타치를 합쳐서 체에 거른 다음, 1에 넣고 가볍게 섞는다.
3 우유와 탈지농축우유를 40℃까지 데운 다음, 2에 두 차례에 나눠 넣고 그때마다 뭉치지 않게 젓는다.
4 3을 체에 걸러 동냄비에 넣고 중불에 올린다. 9분 동안 가열해 70℃가 되면 불을 강불로 올린다. 12분 30초 동안 가열하면 80℃까지 올라간다. 되직해지기 시작하면 골고루 섞어 풀어준다. 버터를 넣고 섞다가 매끄러운 크림 상태가 되면 불에서 내린다.

: 홍차 커스터드크림

재료(만들기 쉬운 분량)

커스터드크림(상기)의 재료
우유 200g
홍차 찻잎(얼 그레이) 15g

1 우유에 홍차 찻잎을 넣고 50℃가 넘지 않게 데운다.
2 불에서 내린 다음, 20~30분 동안 그대로 우린 다음 체에 거른다.
3 커스터드크림 배합에 2의 홍차우유를 넣고 같은 방법으로 크림을 만든다.

크림빵의 기억

나는 크림빵을 무척 좋아해서 우리 가게에서도 반죽을 달리해서 여러 종류를 만들고 있다. 그중에서도 '파티시에르 드 팽 스톡'은 오랜 추억이 깃들어 있는 빵이다.

이 빵은 어릴 적에 동네 빵집에서 누나가 사다 준 밀크크림빵을 떠올리며 만든 빵이다. 그 당시 내가 좋아했던 쫄깃한 반죽을 재현하고 싶은 마음에 탄력이 있는 식빵 반죽인 '팽드미 독일'로 만들기 시작했는데, 처음에는 반죽이 자꾸 갈라져서 어려움을 겪었다. 그도 그럴 것이 장시간 숙성시킨 이 반죽은 식빵 반죽치고는 신장성이 낮은 편이라 소가 들어간 빵을 만들기에는 적합하지 않았던 것 같다. 하지만 어떻게든 이 반죽 안에 크림을 넣고 싶어서 수많은 시도를 거듭했고, 그 결과 지금과 같은 형태의 빵이 탄생했다.

반죽을 성형하고 나면 보통 이음매가 아래를 향하게 하는데, 이 반죽은 이음매를 위로 오게 해서 최종발효를 했더니 도중에 크림이 풀어져도 자연스럽게 이음매가 벌어지면서 내부의 압력이 줄어들었다. 벌어진 이음매는 발효를 마친 후에 오므리면 원래대로 돌아간다. 결과적으로 반죽이 굽는 도중에 갈라지는 일이 적어졌다. 오랜 시도 끝에 이 빵을 완성하고 어찌나 기쁘던지 빵 이름을 지을 때 우리 빵집 이름을 넣게 되었다.

통팥빵

우메가에모치(梅ヶ枝·, 일본 다자이후 시의 명물로, 팥앙금을 얇은 떡 반죽으로 싸서 구운 것)를 떠올리며 쌀
겔을 넣은 반죽으로 만든 팥빵. 팥의 진한 풍미를 느낄 수 있도록 직접 단맛이 적은 팥소를 만들고 있다.

호두 팥빵

바게트 반죽으로 만든 팥빵에 호두를 넣어 깊은 맛을 낸 빵이다. 견과류와 팥앙금이 적절한 조화를 이룬다. 반
죽을 오븐팬 사이에 넣고 납작하게 구워 반죽의 향이 한층 도드라지게 했다.

멜론빵 파리고

'파리고(パリ野郎)'라는 이름을 가진 표면이 울퉁불퉁
한 슈크림을 떠올리며 만든 멜론빵. 버터가 듬뿍 들어간
식빵 반죽을 베이스로 하고 있다. 멜론빵 반죽 전면에
그래뉴러당을 뿌려 서걱서걱한 식감으로 구워 냈다.

레장 멜론빵

팽드미 레장 반죽으로 네모나게 썬 버터와 펄 슈가
(우박설탕)를 감싸 만든 멜론빵. 구우면 새콤달콤
한 버터가 녹으면서 속이 촉촉해진다.

프리미엄 멜론빵
프리미엄 멜론빵 쇼콜라

플레인과 초콜릿, 두 가지 브리오슈 반죽으로 각각 멜론빵을 만들었다. 수제 빵가루와 초콜릿 칩, 토핑에 따른 맛과 모양의 차이를 즐길 수 있다.

직접 만든 굵은 빵가루를 뿌리면 향긋하면서도 바삭바삭한 식감이 난다. 아몬드 파우더를 넣어 직접 만드는 멜론빵 반죽도 훌륭하다.

만드는 방법은→P.234 ~ 235

233

통팥빵

재료

팽드미 재팬 반죽(→P.178) 40g
통팥 40g
검은깨 적당량

1 팽드미 재팬 반죽으로 통팥 앙금을 싼 다음, 이음매가 아래를 향하게 해서 지름이 6.5cm인 폼포네트 틀에 담는다.
2 검은깨를 뿌린다.
3 32℃·습도 78%에서 1시간~1시간 30분 동안 발효시킨다.
4 200℃에서 12분 동안 굽는다.

호두 팥빵

재료

호두빵 반죽(→P.105) 70g
통팥 70g
호두 1개

1 호두빵 반죽으로 통팥 앙금을 감싼 다음, 이음매가 아래로 오게 오븐팬에 올린다.
2 호두를 올린다.
3 상온에서 1시간~1시간 30분 동안 발효시킨다.
4 오븐팬 하나를 얹어 반죽을 누르고 210℃에서 15분 동안 굽는다. 식힌다.

통팥 앙금

재료 (만들기 쉬운 분량)

찐 팥(통팥) 4500g
으깬 팥 500g
한천 가루 8g
A ┌ 사탕수수 설탕 1750g
  │ 벌꿀 500g
  │ 물 500g
  │ 한천 가루 2g
  └ 소금 25g
포도씨유 150g

1 A의 재료를 동냄비에 넣고 잘 섞는다.
2 찐 팥과 으깬 팥을 섞고, 그 위에 한천 가루 8g을 뿌려 강불에 올린다. 끓기 시작하면 한 번 젓고, 다시 끓으면 약불에 30분 정도 졸인다. 너무 바싹 졸이지 않아도 된다.
3 마지막에 포도씨유를 넣어 잘 섞는다.

멜론빵 파리고

재료

팽드미 프랑스 반죽(→P.172) 50g
멜론빵 반죽 1장
그래뉼러당 적당량

1 팽드미 프랑스 반죽을 둥글리기한 다음, 그래뉼러당을 묻힌 멜론빵 반죽을 얹는다.
2 상온에 2시간 발효시킨다.
3 195℃에서 13분 동안 굽는다.

프리미엄 멜론빵

재료

팽드미 브리오슈 반죽(→P.186) 50g
멜론빵 반죽 1장
수제 빵가루※ 적당량

※ 팽드미 프랑스의 껍질을 푸드 프로세서에 곱게 간 것

1 팽드미 브리오슈 반죽을 둥글리기한 다음, 빵가루를 묻힌 멜론빵 반죽을 얹는다.
2 상온에 2시간 발효시킨다.
3 195℃에서 13분 동안 굽는다.

프리미엄 멜론빵 쇼콜라

재료

초콜릿 브리오슈 반죽(→P.249) 60g
멜론빵 반죽 1장
초콜릿 칩 적당량

1 초콜릿 브리오슈 반죽을 둥글리기한 다음, 초콜릿 칩을 묻힌 멜론빵 반죽을 얹는다.
2 상온에 2시간 발효시킨다.
3 195℃에서 13분 동안 굽는다.

레장 멜론빵

재료

팽드미 레장 반죽(→P.136) 70g
네모나게 썬 가염 버터 1.5g×2개
펄 슈가 적당량

멜론빵 반죽 1장
그래뉼러당 적당량

1 팽드미 레장 반죽으로 네모나게 썬 버터와 펄 슈가를 감싼 다음, 그래뉼러당을 묻힌 멜론빵 반죽을 얹는다.
2 상온에 2시간 발효시킨다.
3 195℃에서 13분 동안 굽는다.

: 홍차 커스터드크림

재료 (만들기 쉬운 분량)

박력분 1800g
아몬드파우더※ 240g
그래뉼러당 1200g
무염 버터 900g
전란 840g

※ 껍질이 붙어 있는 통아몬드를 오븐에 한 번 구운 다음, 푸드 프로세서에 갈아 파우더 형태로 만든 것

1 버터를 상온에 두어 녹인다. 부드러워진 버터에 그래뉼러당을 골고루 섞는다. 잘 저은 전란을 네 차례에 걸쳐 넣고, 그때마다 뭉치지 않게 섞는다.
2 박력분과 아몬드파우더를 함께 넣고, 가루가 보이지 않을 때까지 섞는다.
3 3mm 두께로 늘인 다음, 지름이 9cm인 타공 타르트링으로 찍어 낸다.

빵을 만드는 데에 도움이 된
우메가에모치 가게 아르바이트 경험

나는 고등학생과 대학생 시절, 7년 동안 연말연시마다 다자이후 시의 명물인 우메가에모치를 파는 가게에서 일했다. 그때의 경험 덕분인지 지금도 팥앙금을 무척 좋아한다. 처음 팽 스톡을 오픈했을 때도 팥빵에 팥맛을 제대로 느낄 수 있는 좋은 앙금을 쓰고 싶었다. 그래서 화과자에 들어가는 팥 앙금을 생산하는 여러 업체를 둘러본 끝에 마음에 드는 팥 앙금을 찾아냈다. 처음에는 '빵집에서 쓰기는 아깝다.'라는 이유로 거절을 당했지만, 직접 찾아가 담판을 지은 끝에 지금 쓰고 있는 팥 앙금 업체와 인연을 맺게 되었다. 나에게는 정말 깊은 추억이 담긴 팥 앙금이다.

이 업체에서 사용하는 팥은 껍질이 얇고 풍미가 풍부하다. 나는 단맛을 좀 더 줄이고 '팥 맛'을 강조하기 위해 찌는 작업까지 마친 통팥과 으깬 팥을 구입한 다음 나머지 작업은 직접 하고 있다. 당도를 낮추면 앙금이 물러지므로 상온에서의 질감은 한천 가루로 조정한다. 마지막에 포도씨유를 첨가하면 앙금의 질감이 빵 반죽에 가까워져 앙금과 반죽이 더 잘 어우러진다.

그리고 반죽을 만들 때도 그때 아르바이트를 했던 경험을 살리고 있다. 우메가에모치 반죽은 두 종류의 찹쌀가루를 블렌드해서 만든다. 그리고 처음에는 물을 필요한 양의 60% 가량만 넣는다. 그런 다음 물을 조금씩 더 부어 가면서 손의 감각에 의존해 정확히 100%로 조정한다. 반죽을 너무 오래했다가는 반죽이 흐물흐물해져 버려 구우면 딱딱해지므로 반죽을 신속하게 하는 것도 중요하다.

생각해 보면 그러한 감각은 빵의 상태를 손으로 확인하는 것과 별반 다르지 않다. 전분을 빵의 골격으로 사용할 생각을 하게 된 것도 그 시절 우메가에모치를 만들 때의 경험에서 비롯된 것 같다. 음매는 발효를 마친 후에 오므리면 원래대로 돌아간다. 결과적으로 반죽이 굽는 도중에 갈라지는 일이 적어졌다. 오랜 시도 끝에 이 빵을 완성하고 어찌나 기쁘던지 빵 이름을 지을 때 우리 빵집 이름을 넣게 되었다.

유기농 시나몬 롤

다롬하고 부드러운 팽드미 프랑스 반죽에 버터와 시나
몬 슈가를 뿌려 만든 시나몬 롤. 유기농 시나몬의 풍부
한 향이 버터의 풍미를 한층 더 끌어올린다.

롤빵

각종 식빵 반죽으로 만드는 롤빵도 많은 연구 끝에 다
양한 종류를 개발했다. 독일 롤이나 재팬롤은 식사나
샌드위치용으로 잘 어울리는 담백한 빵으로 만들었다.
브리오슈나 레이즌이 들어간 롤빵은 버터나 슈가 버터
의 풍미가 느껴지는 달콤하고 진한 빵으로, 간식으로
먹기에도 좋다.

독일 롤

재팬 롤

브리오슈 롤

레장 소금 버터 롤

허니 토스트

윤기가 흐르는 캐러멜색 표면만 봐도 충분히 맛있어 보
인다. 허니 버터를 양면에 듬뿍 바르고, 한쪽 면에 그래
뉼러당을 뿌려 바삭하게 구웠다.

프렌치 토스트

달걀물에 하룻밤 재운 두툼한 바게트는 입에 넣는 순간 부드럽게 녹아 버린다. 속은 촉촉하고 부드럽고, 겉껍질은 고소하게 씹힌다. 단순하지만 아무리 먹어도 질리지 않는다.

만드는 방법은→P.242 ~ 243

유기농 시나몬 롤

재료 (25~26개 분량)

> 팽드미 프랑스 반죽(→P.172) 1650g
> 시나몬 슈가[※1] 약 280g
> 무염 버터 적당량
> 네모나게 썬 가염 버터 3g/1개
> 시럽[※2] 적당량
>
> [※1] 그래뉼러당 600g에 시나몬파우더 30g을 골고루
> 섞은 것
> [※2] 그래뉼러당 405g과 물 300g으로 만든 시럽에 분
> 당 120g과 미온수(40℃) 80g을 섞은 것

1 팽드미 프랑스 반죽을 밀대로 밀어 가로
  50cm×세로 30cm로 만든다. 아래쪽에서
  부터 반죽의 3분의 2에 시나몬 슈가를 뿌
  리고, 남은 위쪽 3분의 1을 아래로 접는다.
  아래쪽부터 3분의 1을 그 위에 겹쳐 접어
  세 겹 접기를 한다.

2 1의 반죽을 가로 65cm×세로 35cm로 늘
  인다. 전면에 버터를 바르고, 시나몬 슈가
  를 뿌린 다음, 아래쪽에서부터 빈틈이 생
  기지 않도록 둥글게 만다.

3 둥글게 말린 반죽을 스크레이퍼를 이용
  해 세로로 자른다. 개당 80~85g 정도가
  나오게 한다.

4 자른 단면이 위에 가게 오븐팬에 올린 다
  음, 상온에서 2시간 정도 발효시킨다.

5 네모나게 썬 버터를 그 위에 올리고,
  200℃에서 12분 동안 굽는다.

6 다 구워지면 시럽을 바른다.

독일 롤

1 팽드미 독일 반죽(→P.164)을 80g으로 분
  할한다.

2 둥글리기를 한다(→P.299 '작은 빵 둥글
  리기').

3 이음매가 아래로 가게 놓고, 32℃·습도
  78%에서 2시간 동안 발효시킨다.

4 반죽 윗부분을 가위로 자른 다음, 200℃
  에서 12분 동안 굽는다.

재팬 롤

1 팽드미 재팬 반죽(→P.178)을 50g으로 분
  할한다.

2 둥글리기를 한다(→P.299 '작은 빵 둥글
  리기').

3 이음매가 위에 오도록 지름이 6.5cm인
  폼포네트 틀에 담는다.

4 32℃·습도 78%에서 1시간 30분 동안 발
  효시킨다.

5 200℃에서 12분 동안 굽는다.

브리오슈 롤

1 팽드미 브리오슈 반죽(→P.186)을 70g으
  로 분할한다.

2 반죽 가운데에 펄 슈가 3g을 올려서 만
  다음, 둥글리기를 한다(→P.299 '작은 빵
  둥글리기').

3 이음매가 위에 오도록 지름이 6.5cm인

폼포네트 틀에 담은 뒤, 펄 슈가를 몇 알 정도 뿌린다.

4 32℃·습도 78%에서 1시간 30분 동안 발효시킨다.

5 200℃에서 12분 동안 굽는다.

⌐ 레장 소금 버터 롤

1 팽드미 레장 반죽(→P.136)을 70g으로 분할한다.

2 반죽 가운데에 네모나게 썬 가염 버터 3g과 펄 슈가 3g을 올리고 사방에서 감싸듯이 둥글게 뭉친다.

3 이음매가 위에 오도록 지름이 6.5cm인 폼포네트 틀에 담은 뒤, 펄 슈가를 몇 알 정도 뿌린다.

4 32℃·습도 78%에서 1시간 30분 동안 발효시킨다.

5 200℃에서 12분 동안 굽는다.

⌐ 프렌치 토스트

재료

19세기 바게트(→P.90) 적당량
달걀물 아래에 나온 재료에서 적당량
　┌우유 2000g
A │벌꿀 200g
　└사탕수수 설탕 200g
　┌달걀노른자 200g
B └전란 600g
무염 버터 160g

1 달걀물을 만든다.
①A를 불에 올리고 거품기로 저어가며 40℃까지 데운다.
②버터를 녹여, 잘 푼 B에 넣는다.
③②를 체에 거른 다음 ①에 넣고 섞는다.

2 19세기 바게트를 3cm 두께로 썬다.

3 2를 1의 달걀물에 재운다. 30분 후에 뒤집은 다음, 냉장고로 옮겨 하룻밤 동안 둔다.

4 3의 물기를 털어 내고, 오븐 시트를 깐 오븐팬에 나란히 올린 다음, 180℃에서 22분 동안 굽는다.

⌐ 허니 토스트

재료 (25~26개 분량)

팽드미 프랑스(→P.172) 적당량
허니 버터※ 적당량
그래뉼러당 적당량

※ 벌꿀과 무염 버터를 1:1의 비율로 뭉치지 않게 잘 섞은 것

1 팽드미 프랑스를 2.7cm 두께로 썬다.

2 1의 양면에 허니 버터를 바른 다음, 한쪽 면에는 그래뉼러당을 듬뿍 뿌린다.

3 오븐 시트를 깐 오븐팬에 그래뉼러당을 묻힌 면이 아래로 오게 놓는다.

4 180℃에서 19분 동안 굽는다.

초콜릿 루스티크

'튀기지 않은 튀김빵'을 목표로 개발한 팽 스톡의 오리지널 상품. 바삭거리는 독특한 식감이 느껴지는 이유는 굵게 간 전립분을 뿌린 다음, 올리브오일을 발라 구웠기 때문이다. 꼭꼭 씹으면 안에 있던 초콜릿 칩이 녹아 흘러내린다. 기본 반죽으로 바게트를 사용했기 때문에 뒷맛이 깔끔하다.

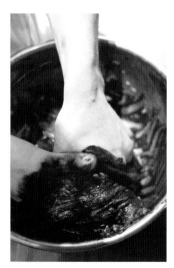

19세기 바게트 반죽에 카카오파우더와 버터를 손으로 섞어서 매끄러운 초콜릿 반죽을 만든다.

반죽에 가득 붙어 있던 초콜릿 칩이 오븐에서 나오면 부드럽게 녹아 있다.

러브 쇼콜라

입에 넣는 순간 스르륵 녹아 버리는 부드러운 초콜릿 브리오슈 반죽으로 가나슈를 싸서 마치 케이크 같은 느낌을 주는 초콜릿 크림빵. 표면에 붙여진 랑그드샤 (Langue de chat, 프랑스어로 '고양이의 혀'라는 뜻을 지닌 얇고 부드러운 비스킷) 반죽과 고소한 아몬드가 포인트다.

카카오파우더와 초콜릿 칩, 블랙커런트를 넣은 초콜릿 브리오슈 반죽은 새콤한 블랙커런트의 풍미가 느껴진다.

가나슈, 랑그드샤, 아몬드를 조합해 다채로운 맛과 식감을 냈다. 한 입 먹는 순간 강렬한 인상을 받을 만큼 맛있다.

만드는 방법은→P.248

초콜릿 루스티크

재료 (9개 분량)

19세기 바게트 반죽 (→P.90) 480g
┌ 카카오파우더 18g
└ 미온수 (40℃) 40g
(카카오파우더를 미온수에 녹여 둔다)

무염 버터 45g
포도씨유 15g
초콜릿 칩 한 줌
펄 슈가 몇 알
굵게 간 전립분 (물레방아표) 적당량
올리브오일 적당량

1 19세기 바게트 반죽, 카카오파우더를 녹인 미온수, 버터, 포도씨유를 볼에 담고 손으로 주물러 반죽을 골고루 섞는다.
2 상온에 30분 동안 둔다.
3 볼에서 꺼내어 펀치 작업을 한다 (→P.292 '펀치3')
4 상온에서 7~8시간 발효시킨 다음, 냉장고로 옮겨 하룻밤 발효시킨다.
5 반죽을 냉장고에서 꺼내어 65g으로 분할한다.
6 평평한 사각형으로 반죽을 다듬은 다음, 초콜릿 칩과 펄 슈가를 올리고 아래쪽에서부터 둘둘 만다.
7 상온에서 15분 동안 발효시킨다.
8 표면에 굵게 간 전립분을 뿌리고, 올리브오일을 바른 다음, 200℃에서 15분 동안 굽는다.

러브 쇼콜라

재료

초콜릿 브리오슈 반죽 55g
가나슈 15g
랑그드샤 반죽 15g
껍질이 있는 구운 아몬드를 잘게 부순 것 적당량

1 초콜릿 브리오슈 반죽을 손바닥으로 평평하게 만든 다음, 가나슈를 넣고 싼다.
2 이음매가 아래로 가게 지름이 6.5cm인 폼포네트 틀에 담는다.
3 상온에서 40~60분 동안 발효시킨다.
4 랑그드샤 반죽을 지름이 1cm인 원형 깍지를 끼운 짤주머니에 담고, 3의 위에 소용돌이 모양으로 짠다.
5 표면에 아몬드를 뿌리고, 200℃에서 16분 동안 굽는다.

: 초콜릿 브리오슈 반죽

재료

팽드미 브리오슈 반죽(→P.186) 3200g
┌카카오파우더 80g
└미온수(40℃) 160g
(카카오파우더를 미온수에 녹여 둔다)

초콜릿 칩 400g
말린 블랙커런트(열매) 100g

1   모든 재료를 믹서볼에 넣고 저속으로 믹
    싱한다. 골고루 섞이면 믹싱을 멈춘다.
2   반죽을 이등분해서 볼에 옮긴 다음, 30분
    뒤에 펀치 작업을 한다(→P.292 '펀치3').
3   3℃의 냉동고로 옮겨 하룻밤 둔다.
4   냉동고에서 꺼낸 다음, 상온에 3시간 정
    도 두며 워밍한다.
5   용도에 맞게 분할·성형한다.

: 가나슈

재료

커버추어초콜릿(세미스위트) 500g
우유 200g
생크림(유지방 함량 38%) 150g
무염 버터 50g

1   우유와 생크림을 섞은 다음, 불에 올려
    80℃까지 데운다.
2   초콜릿을 잘게 부수어 볼에 넣고 중탕으
    로 녹인 다음, 버터를 넣고 잘 섞는다.
3   2의 볼에 1을 여러 번에 걸쳐 나누어 넣
    고, 윤기가 나도록 천천히 실리콘 주걱으
    로 젓는다.

: 랑그드샤 반죽

재료

박력분 400g
분당 400g
달걀흰자 400g
무염 버터 400g

1   버터를 상온에 꺼내어 부드럽게 한다. 분
    당을 넣고 잘 섞는다.
2   잘 푼 달걀흰자를 조금씩 부어가며 그때
    마다 골고루 섞는다. 분리되기 시작하면
    박력분과 달걀흰자를 조금씩 번갈아 넣
    어 가며 전부 뭉치지 않게 잘 섞는다.

풀지 못한 문제를 품고 살아가다

내가 도쿄에서 일했던 빵집 가운데 하나인 '단디종'의 대표였던 아사노 마사미(浅野正己) 씨는 레스토랑의 오너 셰프이기도 했다. 그래서 아사노 씨가 빵을 만드는 모습을 보고 있자면 빵집 주인이 보기에 이론적으로 말이 안 되거나 해서는 안 되는 일을 아무렇지 않게 할 때가 있었다. 하지만 아사노 씨는 '어째서 하면 안 되는데?', '그렇게 해서 빵이 더 맛있어진다면 하는 게 좋잖아!'라는 식으로 기존의 편협한 상식으로 시원하게 깨부수어 주었다.

그러던 어느 날, 아사노 셰프가 '튀김빵처럼 껍질은 바삭바삭하고 속은 촉촉한 빵'을 만들라는 과제를 냈다. 하지만 속을 촉촉하게 하려다 보면 자연히 껍질도 부드러워질 수밖에 없었다. 나는 그 모순되는 발상을 실현하지 못해 꽤 오랫동안 좌절했다.

그런데 그로부터 14년 정도가 지난 얼마 전이었다. 집에서 돼지고기를 바삭바삭하게 굽기 위해 표면에 밀가루를 뿌리고 있었을 때였다. 문득 '이 방법을 빵에 적용할 수도 있지 않을까? 프랑스 요리에 사용하는 아로제(arroser, 음식을 오븐이나 로티세리에 익히는 동안, 조리 중에 흘러나오는 기름이나 육즙을 작은 국자로 떠서 음식에 끼얹는 것. 음식의 표면이 마르지 않게 하고, 속까지 촉촉하게 익힐 수 있다) 기법처럼 빵을 구우면 어떻게 될까?' 하는 생각이 들었다. 실제로 해 보았더니 꽤 괜찮았다. 그 순간, 예전에 아사노 씨가 낸 과제가 떠올랐고, '그래, 이게 그 답이야!'라는 생각이 들었다. 무려 14년 만에 찾아낸 답이었다. 시간이 좀 걸렸지만, 기뻤다. 이 방법을 좀 더 디저트 빵에 어울리게 변형해서 만든 빵이 바로 '초콜릿 루스티크'다.

스스로 불가능하다고 생각해 버리면 그것으로 끝나 버린다. 하지만 지금 당장 정답을 찾지 못하더라도 포기하지 않고 마음속 한구석에 풀지 못한 문제를 계속 품은 채 살아가다 보면 언젠가는 정답을 찾을지도 모른다. 이 빵을 이러한 점을 내게 가르쳐 주었다.

근채 피타
닭고기와 채소 피타

매시 포테이토를 듬뿍 넣어 손 반죽한 감자 빵으로 만든 플랫브레드다. 닭고기와 채소를 얹어 구우면 영양소를 골고루 섭취할 수 있는 메뉴가 된다.

토마토와 치즈를 넣은
코코넛 카레 빵

다양한 채소를 사용해 산뜻하면서도 매콤한 맛을 낸 카레 빵이다. 표면에도 카레 가루를 뿌려 입에 넣는 순간 진한 카레 향을 느낄 수 있다.

소고기 볼살이 들어간
카레 빵

진한 유럽 스타일의 카레를 감싼 빵으로, 맵지 않아 어린이들도 먹을 수 있다. 오븐에 넣기 전에 올리브오일을 바르고 빵가루를 묻혀 구우면 튀기지 않아도 튀김빵과 비슷한 느낌을 낼 수 있다.

만드는 방법은→P.254 ~ 255

이탈리아의 은총

개업 당시부터 약 6년 동안 함께 일한 동료이자 이제는 후쿠오카의 빵집 '마쓰빵'의 점주가 된 마쓰오카 유지(松岡裕嗣) 씨가 고안해 낸 빵이다. 바질, 치즈, 생 햄, 토마토. 누구나 좋아할 만한 이탈리아의 식재료를 한 입 크기의 작은 빵에 모두 담았다.

근채 피타

재료

손으로 반죽해서 만드는 감자 반죽(→P.158) 70g
근채(우엉, 당근, 연근)
가지
토마토
닭 다리살
라타투이(ra ta tui)*
매치 포테이토
마요네즈
슈레드 치즈, 치즈 가루
타임 적당량

※다진 마늘·고추, 긴 직사각형으로 썬 돼지 뱃살·베이
컨, 양파, 당근, 셀러리 줄기를 순서대로 냄비에 넣고,
각 재료를 넣을 때마다 잘 볶는다. 여기에 다른 냄비에
볶은 가지와 주키니(돼지호박), 파프리카, 토마토 페이
스트, 오레가노 파우더, 월계수 잎, 소금, 흑후추, 새우
껍질(일회용 육수팩에 담은 것)을 넣고 걸쭉해질 때까
지 한 시간 정도 끓인 것.

1   채소는 모두 손질해서 먹기 좋은 크기로
    썬다. 연근은 슬라이스한다.
2   우엉, 당근, 연근은 찐다. 가지는 가람 마
    살라(garam masala, 인도의 향신료 믹
    스)를 적당히 뿌려 프라이팬에 굽는다.
3   닭 다리살은 소금을 적당히 뿌린 다음,
    프라이팬에 올려 양면을 골고루 구운 다
    음 한 입 크기로 썬다.
4   손 반죽한 감자 반죽을 평평한 원형으로
    만든다. 가장자리는 조금 두껍게 한다.
5   매시 포테이토와 마요네즈를 바르고, 가
    지, 우엉, 당근, 토마토를 가지런히 놓는
    다. 그 위에 닭 다리살과 라타투이를 얹
    고 연근을 마지막에 올린다.
6   그 위에 타임을 얹고 슈레드 치즈와 치
    즈 가루를 뿌린 다음, 15분 정도 상온에

서 발효시킨다.
7   200℃에서 12분 동안 굽는다.

닭고기와 채소 피타

재료

손으로 반죽해서 만드는 감자 반죽(→P.158) 70g
매시 포테이토
닭 다리살
베샤멜소스
브로콜리
라타투이
슈레드 치즈 각각 적당량

1   닭 다리살에 저크 시즈닝과 소금을 적당
    히 뿌려 골고루 문지른 다음, 하룻밤 동
    안 재워 둔다.
2   프라이팬에 1을 올려 양면을 구운 다음,
    한 입 크기로 썬다.
3   브로콜리는 송이별로 자른다.
4   손 반죽한 감자 반죽을 평평한 원형으로
    만든다. 가장자리는 조금 두껍게 한다.
5   매시 포테이토를 깔고, 닭 다리살과 브
    로콜리를 올린다. 그 위에 베샤멜소스와
    라타투이를 끼얹는다.
6   마지막으로 슈레드 치즈를 올리고, 15분
    정도 상온에서 발효시킨다.
7   200℃에서 12분 동안 굽는다.

: 베샤멜소스

재료 (만들기 쉬운 분량)

박력분 320g
무염 버터 320g
우유 4000g
소금 12g
백후추 4g

1 동냄비에 버터를 넣고 약불에서 녹인다.
   체에 거른 박력분을 여기에 섞는다.
2 우유를 세 번에 걸쳐 나누어 넣고, 그때
   마다 뭉치지 않게 잘 젓는다.
3 박력분이 익으면서 소스가 걸쭉해지기
   시작하면 불에서 내린다.
4 소금과 백후추로 간을 맞춘다.

토마토와 치즈를 넣은 코코넛 카레 빵

재료

팽드미 프랑스 반죽(→P.172) 50g
코코넛 카레 50g
방울토마토 1개
슈레드 치즈 5g
카레 가루 적당량

1 팽드미 프랑스 반죽을 평평하게 만든 다
   음, 코코넛 카레, 방울토마토, 슈레드 치
   즈를 넣고 감싼다.
2 카레 가루를 뿌리고, 이음매가 아래를
   향하도록 지름이 10cm인 별모양 틀에
   담는다

3 32℃·습도 78%에서 1시간 30분 동안 발
   효시킨다.
4 200℃에서 12분 동안 굽는다.

: 코코넛 카레

재료 (만들기 쉬운 분량)

간 고기(소고기+돼지고기, 소고기와 돼지고기의
비율이 6:4인 경우가 많다)
양파
무
당근
가지
피망
만가닥버섯, 새송이버섯
마늘
카레 수프※
간장, 카놀라유 각각 적당량

※ 카놀라유를 뿌린 냄비에 레드 카레 페이스트, 클로브
   (정향), 커민, 코리앤더(고수)를 넣고 볶는다(A). 코코넛
   밀크, 파프리카 파우더, 다시마차, 남플라, 사탕수수 설
   탕, 물을 잘 섞은 다음 4~5차례에 걸쳐 A에 나누어 넣
   는다. 골고루 섞은 후, 마지막에 월계수 잎을 넣고 걸
   쭉해질 때까지 졸인다.

1 채소를 한 입 크기로 썬다. 마늘은 다진
   다.
2 냄비에 카놀라유를 뿌리고, 간 고기와
   마늘을 넣고 볶는다. 1의 채소를 넣고,
   더 볶는다.
3 다른 냄비에 카레 수프를 준비하고, 2의
   고기와 채로를 첨가해 살짝 끓인다. 마
   지막에 간장으로 간을 맞춘다.

소고기 볼살이 들어간 카레 빵

재료

- 팽드미 재팬 반죽(→P.178) 40g
- 소고기 볼살 카레 40g
- 올리브오일 적당량
- 수제 빵가루(→P.235) 적당량

1. 지름이 6.5cm인 폼포네트 틀에 올리브 오일을 듬뿍 흘려 둔다.
2. 팽드미 재팬 반죽으로 소고기 볼살 카레를 감싼 다음, 이음매가 위로 오게 해서 1의 틀에 담는다.
3. 32℃·습도 78%에서 1시간 동안 발효시킨다.
4. 오븐에 넣기 직전에 반죽 표면에 올리브오일을 바르고 빵가루를 뿌린 다음, 200℃에서 12분 동안 굽는다.

: 소고기 볼살 카레

재료

- 양파
- 당근
- 셀러리
- 갈색 양송이버섯
- 닭 다리살
- 소고기 볼살
- 카레 플레이크(시판 제품)
- 사과잼(→P.276)
- 물
- 카놀라유 각각 적당량

1. 양파를 슬라이스한다. 당근, 셀러리, 갈색 양송이버섯, 닭 다리살, 소고기 볼살을 한 입 크기로 썬다.
2. 카놀라유를 뿌린 냄비에 양파를 넣고, 갈색이 될 때까지 볶는다. 1에서 썰어 둔 나머지 재료를 전부 넣고 더 볶는다.
3. 재료가 전부 잠길 만큼 물을 붓고 끓인다. 거품이 올라오면 국자로 걷어 낸다.
4. 재료가 익고 국물이 바싹 졸아들기 시작하면 카레 플레이크, 사과잼, 물을 넣고 푹 끓인다.

이탈리아의 은총

재료

- 팽드미 독일 반죽(→P.164) 35g
- 크림치즈 10g
- 생 햄 한 조각
- 방울토마토 1개
- 올리브오일 적당량
- 바질 1장
- 치즈가루 적당량

1. 팽드미 독일 반죽을 평평하게 만든 다음, 크림치즈를 중앙에 놓고 그 위에 생햄을 올려 반죽을 싼다. 이음매가 위로 가게 작은 타원형 틀에 담는다. 방울토마토를 그 위에 꾹 누르듯이 올린다.
2. 상온에서 40분 동안 발효시킨다.
3. 200℃에서 12분 동안 구운 다음, 오븐에서 꺼내어 올리브오일을 바른다.
4. 한 김 식힌 뒤, 바질을 얹고 치즈가루를 뿌린다.

소시지와 치즈

부드러우면서도 쫄깃한 감자 반죽으로 소시지와 치즈를 감쌌다. 양 끝에 비어져 나온 소시지가 손님들의 시선을 끈다.

홀 그레인 머스터드와
굵게 간 돼지고기 소시지

굵게 간 돼지고기를 넣어 껍질은 바삭하고 속은 촉촉한 소시지에는 홀 그레인 머스터드가 잘 어울린다. 바게트 반죽으로 만든 핫도그 스타일의 빵.

베이컨 에피

바게트 반죽과 베이컨 1장을 사용해 작은 크기로 만든 베이컨 에피. 혼자서 한 개를 다 먹을 수 있어서 점심 식사용으로도 좋다.

장봉(jambon) 소시지와 바질 소스

독일 남부 뮌헨에서 탄생한 흰색 소시지는 두툼하고 야들야들하다. 성형할 때 바른 바질 소스가 반죽 안쪽에 스며들면서 소시지와 반죽을 잘 어우러지게 한다.

만드는 방법은→P.261

안초비 올리브

얇게 민 바게트 반죽 안에서 올리브가 촉촉하게 터지면서
안초비의 감칠맛과 짭짤함이 느껴진다. 카나페와 비슷한 맛
을 빵 안에 숨기고 있어 술안주로 먹기 좋다.

만드는 방법은→P.262

홀 그레인 머스터드와
굵게 간 돼지고기 소시지

재료

19세기 바게트 반죽(→P.90) 55g
굵게 간 돼지고기를 넣은 소시지 1개
홀 그레인 머스터드 적당량

1   19세기 바게트 반죽을 평평한 사각형으로 만든다. 가로 너비를 소시지보다 조금 길게 조정한다.

2   반죽에 홀 그레인 머스터드를 바르고, 중앙에 소시지를 올린다. 반죽을 둥글게 만다음 끝부분을 여민다.

3   상온에서 1시간 동안 발효시킨다.

4   칼집을 비스듬하게 네 번 낸 다음, 윗불 250℃, 아랫불 230℃에서 16~18분간 굽는다.

소시지와 치즈

재료

감자와 로즈마리를 넣은 르방 반죽(→P.155) 70g
소시지 1개
홀 그레인 머스터드 적당량
슈레드 치즈 적당량

1   감자와 로즈마리를 넣은 르방 반죽을 평평한 사각형으로 만든다. 가로 너비는 소시지보다 조금 짧게 조정한다.

2   소시지의 양끝이 반죽 바깥으로 조금 비어져 나오도록 중앙에 소시지와 홀 그레인 머스터드를 올린 다음, 반죽을 둥글게

말고 끝부분을 여민다.

3   상온에서 1시간 동안 발효시킨다.

4   칼집을 비스듬하게 세 번 낸 다음, 슈레드 치즈를 뿌리고 200℃에서 12분 동안 굽는다.

베이컨 에피

재료

19세기 바게트 반죽(→P.90) 70g
베이컨 1장

1   9세기 바게트 반죽을 평평한 사각형으로 만든다. 반죽 중앙에 베이컨을 올리고, 반죽을 둥글게 만 다음 끝부분을 여민다.

2   상온에서 1시간 동안 발효시킨다.

3   가위로 반죽의 좌우를 비스듬하게 네 번 자른 다음, 반죽을 밀어서 밀 이삭 같은 모양을 만든다. 윗불 250℃, 아랫불 230℃에서 15분 동안 굽는다.

장봉(jambon) 소시지와
바질 소스

재료

19세기 바게트 반죽(→P.90) 70g
흰 소시지 1개
바질 소스(시판 제품) 적당량
올리브오일 적당량
바질 가루 적당량

1   19세기 바게트 반죽을 평평한 사각형으

로 만든다. 반죽에 바질 소스를 바르고, 중
앙에 소시지를 올린다.

2 반죽을 둥글게 만 다음, 끝부분을 여민다.

3 상온에서 1시간 동안 발효시킨다.

4 칼집을 비스듬하게 두 번 낸 다음, 윗불
250℃, 아랫불 230℃에서 18~20분 동안
굽는다.

5 오븐에서 꺼내어 올리브오일을 바르고,
바질가루를 뿌린다.

안초비 올리브

재료

19세기 바게트 반죽(→P.90) 35g
안초비 올리브(시판 제품) 4알
올리브오일 적당량

1 19세기 바게트 반죽을 평평한 사각형으
로 만든다. 반죽 중앙에 안초비 올리브를
일렬로 나란히 놓는다.

2 반죽을 아래쪽에서 위쪽으로 접은 다음,
가장자리를 꾹 눌러 여민다. 접힌 반죽을
손으로 굴려 둥글게 만들면서 양끝을 뾰
족하게 만든다. 초승달 모양으로 구부린
다.

3 상온에서 1시간 동안 발효시킨다.

4 윗불 250℃, 아랫불 230℃에서 12분 동안
구운 다음, 오븐에서 꺼내어 올리브오일
을 바른다.

햄과 치즈를 넣은
감자 푸가스(fougasse)

프랑스 남부 지방의 명물인 '푸가스' 빵처럼 반죽에 칼집을 깊이 내어 성형했다. 칼집 사이로 비어져 나올 것처럼 가득 차 있는 햄과 치즈가 매력적이다.

감자와 치즈

반죽의 모양을 자연스럽게 살려 구운 치즈 빵이다. 빵을 보기만 해도 오븐 안에서 바싹 구워진 치즈의 고소한 향이 전해지는 것만 같다.

토마토와 치즈

반죽에 프로방스 지방의 허브를 혼합한 향신료와 올리
브, 치즈를 섞어 지중해풍의 빵을 만들었다. 방울토마토
를 얹어 함께 구웠기 때문에 더 싱그러운 맛을 느낄 수
있다.

바삭바삭 치즈

두 가지 치즈를 넣은 반죽에 커민으로 향을 낸 치즈빵. 전
립분을 뿌리고 올리브오일을 발라 튀김빵처럼 바삭바삭
하게 굽는다.

265

단호박과 크림치즈

단호박 감로자와 크림치즈가 듬뿍 들어가 있어 간식이
나 반찬으로 어울린다. 표면에 듬뿍 뿌린 단호박 씨가
오독오독 씹혀 맛있다.

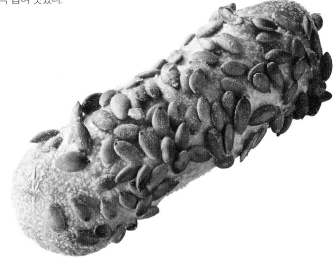

자가치
(감자치즈, 감자를 뜻하는 '자가이모'
와 치즈의 '치'를 합친 이름)

매시 포테이토를 섞은 반죽 안에 치즈를 듬뿍 넣었다.
지방이처럼 구부러진 모양이 인상적이다.

만드는 방법은→P.267 ~ 269

햄과 치즈를 넣은 감자 푸가스

재료

감자와 로즈마리를 넣은 르방 반죽(→P.155) 50g
로스햄(가로세로 3cm 크기)
슈레드 치즈 햄과 치즈를 합쳐 65g

※ 로스햄과 치즈는 미리 섞어 둔다.

1 감자와 로즈마리를 넣은 르방 반죽을 평평하고 넓게 민다. 로스햄과 치즈를 반죽 위에 수북이 올린 다음, 반죽을 살짝 잡아 당겨 오므린다.
2 이음매가 아래로 가게 오븐팬에 올린 다음, 스크레이퍼로 칼집을 네 군데에 낸다. 손으로 칼집을 좌우로 살짝 벌려 확실히 벌어지게 한다.
3 상온에서 1시간 동안 발효시킨다.
4 210℃에서 16분 동안 굽는다.

감자와 치즈

재료

손으로 반죽해서 만드는 감자 반죽(→P.158) 70g
슈레드 치즈 한 줌

1 손으로 반죽한 감자 반죽을 둥글리기 한다(→P.299 '작은 빵 둥글리기').
2 오븐팬 위에 적당한 간격으로 슈레드 치즈를 한 줌씩 놓는다.
3 2의 위에 1을 올리고, 상온에서 1시간 동안 발효시킨다.
4 210℃에서 15분 동안 굽는다.

5 위아래를 뒤집은 다음, 치즈가 바삭바삭하게 구워진 면을 위로 놓고 식힌다.

토마토와 치즈

재료

에르브 드 프로방스 반죽, 아래에 적힌 재료로 만든 반죽에서 70g
┌기타노카오리 500g
│소금 10g
│┌이스트 1.3g
│└미온수(40℃) 20g
│ (미리 이스트를 녹인다)
│르방 리퀴드 R 20g
│물 520g
│올리브(녹색·다진 것) 90g
│체다치즈 90g
│그뤼예르 치즈 90g
└에르브 드 프로방스(Herbes de Provence)※ 4g
방울토마토 1개
카레 가루 적당량
올리브오일 적당량

※ 로즈마리, 바질, 타임, 세이지 등이 든 허브 믹스

1 에르브 드 프로방스 반죽을 만든다.
   ①재료를 볼에 담고, '기타노카오리 루스티크'(→P.112)를 만드는 요령대로 잘 섞는다. 완성된 반죽의 온도는 21~23℃다.
   ②펀치 작업을 한다(방법은→P.112 '기타노카오리 루스티크' 참조). 총 세 번 한다.
   ③상온에서 6~7시간 동안 발효시킨다.
2 1의 반죽을 70g으로 분할한다.
3 상온에서 30분 발효시킨다.
4 방울토마토를 반죽 위에 올리고, 카레 가루를 뿌린다.

5   윗불 250℃, 아랫불 230℃에서 15분 동안 굽는다. 오븐에서 꺼내어 올리브오일을 바른다.

바삭바삭 치즈

재료

팽 드 로데브 반죽(→P.130) 500g
체다치즈 40g
그뤼예르 치즈 40g
물 80g
굵게 간 전립분(물레방아표) 적당량
올리브오일 적당량
치즈가루 적당량
커민(씨앗) 적당량

1   팽 드 로데브 반죽에 두 가지 치즈와 물을 넣고, 손으로 주무르듯이 뭉치지 않게 섞는다.
2   상온에서 6시간 동안 발효시킨다.
3   70g으로 분할한 다음 둥글리기를 한다. 이음매가 아래에 오게 놓고, 스크레이퍼로 칼집을 네 개 낸다.
4   상온에서 15분 동안 발효시킨다.
5   굵게 간 전립분을 뿌리고, 그 위에 올리브오일을 바른다. 그런 다음 치즈가루와 커민을 뿌린다.
6   210℃에서 14분 동안 굽는다.

단호박과 크림치즈

재료

팽 드 로데브 반죽(→P.130) 50g
단호박 감로자 30g
그림치즈 15g
단호박 씨 적당량

1   팽 드 로데브 반죽을 가로로 긴 직사각형 모양으로 민다. 반죽 중앙에 한 입 크기로 자른 단호박 감로자와 크림치즈를 겹쳐 놓고, 아래쪽에서부터 위쪽으로 반죽을 접듯이 여민다.
2   이음매가 아래를 향하도록 반죽을 살며시 굴려 모양을 다듬은 후, 단호박 씨를 묻힌다.
3   상온에서 30분 동안 발효시킨다.
4   윗불 250℃, 아랫불 230℃에서 15분 동안 굽는다.

⋮ 단호박 감로자

재료

단호박 적당량
시럽* 단호박의 60% 중량

※ 그래뉼러당에 두 배의 물을 섞어 녹인 것

1   단호박을 반달 모양으로 썬 다음, 씨를 제거한다.
2   시럽에 하룻밤 동안 재운다.
3   단호박을 시럽이 묻은 채로 오븐에 넣고, 윗불 250℃, 아랫불 230℃에서 굽는다.

자가치(감자 치즈)

재료

감자와 로즈마리를 넣은 르방 반죽(→P.155) 70g
깍둑썰기한 치즈 한 줌
흑후추 적당량
올리브오일 적당량

1 감자와 로즈마리를 넣은 르방 반죽을 가
  로로 긴 직사각형 모양으로 민 다음, 깍둑
  썰기한 치즈에 흑후추를 뿌려 반죽 위에
  듬뿍 올린다. 반죽의 아래쪽과 위쪽 가장
  자리에는 반죽을 붙일 공간을 남겨 둔다.

2 반죽을 아래쪽에서 위쪽으로 들어 올려
  치즈를 감싸듯이 반죽을 접은 다음, 반죽
  이 벌어지는 곳이 없게 잘 여민다.

3 이음매가 아래를 향하도록 반죽을 조심
  스럽게 굴린 다음, 지팡이처럼 한쪽 끝을
  구부린다.

4 상온에서 1시간 동안 발효시킨다.

5 210℃에서 15분 동안 구운 다음, 마지막
  에 올리브오일을 바른다.

소시지와 붉은 양배추
마리네이드를 넣은 파이

성형한 후 -3℃의 냉동고로 옮긴다. 오븐에 구울 타이밍을 조정할 수 있다는 큰 장점이 있다.

파이롤러로 늘인 데니시 페이스트리 반죽을 밀대로 더 얇게 밀어 소를 감싼, 그야말로 요리에 가까운 세 가지 데니시 페이스트리. 얇게 부서지면서 버터 향이 흘러나오는 섬세한 반죽으로 감싸면 고기 조림과 소시지 모두 훨씬 풍성한 맛을 낸다.

비프스튜 파이

미트 파이는 미트 소스를 반죽으로 싼 다음 가장자리를 포크로 눌러 반죽을 밀착시킨다.

미트 파이

베샤멜소스와
로스햄을 넣은 파이

소를 싼 다음 발효를 시키지 않고 바로 오븐에 넣어 한 번에 부풀리는 파이. 바삭바삭한 파이와 부드러운 베샤멜소스가 환상적인 조화를 이룬다.

애플 데니시

햄과 토마토,
치즈를 넣은 데니시

네모난 데니시 페이스트리 반죽의 모서리를 접어 둥글게 성형하는 대표적인 데니시 페이스트리. 이렇게 성형하면 반죽의 강도가 올라가기 때문에 무거운 재료도 올릴 수 있다. 구운 사과와 잼을 얹은 디저트용 빵이나 그라탕 같은 식사용 빵에도 응용할 수 있다.

반죽을 접어서 가장자리를 두껍게 만들 때는 위로 접힌 모서리가 직각을 이루도록 손끝으로 꾹 누른다.

캐러멜 너트 퀸아망
애플 퀸아망

데니시 페이스트리 반죽에 카소나드 설탕(Cassonade, 비정제 황설탕)을 뿌려 둘둘 말아 적당한 크기로 자르고, 자른 반죽을 밀대로 얇게 밀어 바삭바삭하게 구워낸다. 눌어붙은 설탕에서 나는 캐러멜 맛은 프랑스 브르타뉴 지방의 명물인 퀸아망에서 힌트를 얻었다.

만드는 방법은→P.274 ~ 277

반죽을 밀대로 얇게 밀고, 오븐에 구울 때는 반죽이 많이 부풀지 않도록 무거운 것을 올려 바삭바삭한 식감을 냈다.

소시지와 붉은 양배추 마리네이드를 넣은 파이

재료

데니시 페이스트리 반죽(→P.212)
가로세로 10cm×두께 3.5mm 1장
소시지 10cm 길이로 자른 것 1개
붉은 양배추 마리네이드※ 50g
홀 그레인 머스터드 적당량
검은깨 적당량
치즈가루 적당량

※붉은 양배추를 채 썬 다음, 끓는 물을 붓는다. 소금, 올리브오일, 갈릭오일, 화이트와인 비네거로 간을 맞춘다.

1 데니시 페이스트리 반죽을 밀대로 15cm ×10cm 크기로 민다.

2 1의 중앙에 홀 그레인 머스터드를 바르고, 소시지와 붉은 양배추 마리네이드를 올린 다음, 반을 접어 여민다. 그 위에 흑후추와 치즈가루를 뿌린다.

3 최종발효는 하지 않는다. 오븐에 넣기 전까지 -3℃에 보관하다가 210℃에서 15분 동안 굽는다.

비프스튜 파이

재료

데니시 페이스트리 반죽(→P.212)
가로세로 12.5cm×두께 3mm 1장
비프스튜※ 63g
베샤멜소스(→P.255) 20g
브로콜리 적당량
슈레드 치즈 한 줌

※양파 슬라이스를 갈색이 될 때까지 볶는다. 한 입 크기로 썬 당근, 셀러리, 갈색 양송이버섯, 닭 다리살, 소고

기 불살을 넣고 더 볶는다. 재료가 잠길 정도만 물을 붓고 끓인다. 데미글라스 소스를 넣고 조린다.

1 데니시 반죽을 밀대로 가로세로 16cm 크기로 민다.

2 1의 중앙에 비프스튜와 베샤멜소스, 브로콜리를 올린 다음 슈레드 치즈를 뿌린다.

3 네 모서리를 들어 올려 가운데로 모은 다음, 맞닿은 부분을 꾹 누른다.

4 최종발효는 하지 않는다. 오븐에 넣기 전까지 -3℃에 보관하다가 210℃에서 15분 동안 굽는다.

미트 파이

재료

데니시 페이스트리 반죽(→P.212)
가로세로 12.5cm×두께 3mm 1장
미트소스※ 50g
방울토마토(사등분한 것) 2개
슈레드 치즈 적당량

※간 고기(소고기와 돼지고기를 6:4의 비율로 섞은 것), 다진 만가닥버섯을 볶는다. 라타투이(→P.254)를 첨가해 잘 섞은 다음 커민으로 향을 입힌다.

1 데니시 페이스트리 반죽을 밀대로 22cm ×16cm 크기로 민다.

2 1을 세로로 길게 놓고, 아래쪽 절반의 중앙에 미트소스와 방울토마토를 올린 다음 그 위에 슈레드 치즈를 뿌린다.

3 위쪽 반죽으로 그 위를 덮어 반죽을 반으로 접은 다음, 겹친 부분을 포크로 꾹꾹 눌러 여민다. 표면에도 포크로 군데군데 공기구멍을 뚫는다.

4 최종발효는 하지 않는다. 오븐에 넣기 전

까지 -3℃에 보관하다가 210℃에서 18분
동안 굽는다.

베샤멜소스와
로스햄을 넣은 파이

재료

데니시 페이스트리 반죽(→P.212)
가로세로 12.5cm×두께 3mm 1장
로스햄 1장
베샤멜소스(→P.255) 1큰술
치즈가루 적당량

1 데니시 페이스트리 반죽의 중앙에 로스
   햄을 올리고, 그 위에 베샤멜소스를 끼얹
   는다. 치즈가루를 뿌리고, 반죽을 대각선
   방향으로 반으로 접는다.
2 최종발효는 하지 않는다. 오븐에 넣기 전
   까지 -3℃에 보관하다가 210℃에서 18분
   동안 굽는다.

햄과 토마토,
치즈를 넣은 데니시

재료

데니시 페이스트리 반죽(→P.212)
가로세로 12.5cm×두께 3mm 1장
베샤멜소스(→P.255) 1큰술
로스햄 1장
방울토마토(반으로 자른 것) 4개
타임 1줄기
슈레드 치즈 적당량
올리브오일 적당량

1 데니시 페이스트리 반죽의 네 모서리를
   조금씩 간격을 벌린 채 가운데 쪽으로 접
   는다. 높은 테두리가 생기도록 손끝으로
   누른다.
2 상온에서 1시간 동안 발효시킨다.
3 베샤멜소스를 반죽 중앙에 바르고, 로스
   햄을 올린 다음, 중앙에 방울토마토를 가
   지런히 놓는다. 타임을 곁들이고, 그 위에
   슈레드 치즈를 듬뿍 뿌린다.
4 올리브오일을 빙 두른 다음, 210℃에서
   16분 동안 굽는다.

애플 데니시

재료

데니시 페이스트리 반죽(→P.212)
가로세로 10cm×두께 3.5mm 1장
수제 빵가루(→P.235) 1큰술
사과잼 1큰술
프랑브와즈(냉동) 1알
구운 사과 2조각
나파주 뇌트르(Nappage neutre, 무색 나파주. 디
저트 표면을 코팅해서 윤기를 입히고 표면이 마
르는 것을 방지한다)
사과 줄레(gelee)※ 적당량
분당 적당량
민트 적당량

※ 사과를 조린 국물 100g에 아가(agar, 카라기난이나
   로커스트콩검 등의 추출물로 만든 겔화제) 2.5g을 넣
   고 끓여 체에 거른 것

1 데니시 페이스트리 반죽의 네 모서리를
   조금씩 간격을 벌린 채 가운데 쪽으로 접
   는다. 높은 테두리가 생기도록 손끝으로
   누른다.

2 상온에서 2시간 정도 발효시킨다.

3 중앙에 빵가루와 사과잼을 겹쳐 깐다. 프랑브와즈 1알을 가운데에 놓고, 구운 사과두 조각을 올린다. 이때 사과가 반죽 테두리에 걸쳐지지 않도록 주의한다.

4 210℃에서 13분 동안 굽는다.

5 한 김 식힌 후, 사과 표면에 나파주 뇌트르를 바른다. 그 위에 사과 줄레를 얹는다. 식으면 분당을 뿌리고 민트를 곁들인다.

사과잼

재료 (만들기 쉬운 분량)

사과 16개
그래뉼러당 사과의 20% 중량
등자열매 과즙 30g

1 사과는 껍질을 벗기고 심을 제거한다. 푸드 프로세서로 갈아 페이스트 상태를 만든다.

2 그래뉼러당을 첨가하고, 냄비에서 조린다.

3 불을 끄고 등자열매 과즙을 넣는다.

구운 사과

재료 (만들기 쉬운 분량)

사과 8개
그래뉼러당 120g
무염 버터 40g

1 사과의 심을 제거한 다음, 반달 모양으로 8등분한다.

2 그래뉼러당과 버터를 섞어 사과에 바른 다음, 사과가 익을 때까지 윗불 250℃, 아랫불 230℃에서 20~24분 동안 굽는다. 구울 때 나온 국물에 담가 보관한다.

퀸아망

재료 (26개 분량)

데니시 페이스트리 반죽(→P.212)
가로 50cm×세로 36cm×두께 3mm 1장
카소나드 설탕 적당량

캐러멜 너트 퀸아망
껍질 있는 아몬드 잘게 부순 것 적당량
캐슈너트 적당량
헤이즐넛 적당량
그래뉼러당 적당량

애플 퀸아망
사과 캐러멜리제 반죽 한 개당 두 조각
껍질 있는 아몬드 잘게 부순 것 적당량
카소나드 설탕 적당량

1 전날 반죽을 준비한다. 반죽을 가로로 길게 놓고, 위쪽만 3cm 정도 남기고, 나머지 부분에 카소나드 설탕을 뿌린다. 반죽을 아래쪽부터 빈틈없이 둘둘 만다. 위쪽에 남겨 두었던 부분에 분무기로 물을 뿌린 다음, 반죽이 말린 끝부분에 붙인다. 말린 반죽을 썰어 50g으로 분할한다. 잘린 단면에 그래뉼러당을 뿌리고, 밀대로 얇게 민다.

2 캐러멜 너트 퀸아망 : 오븐팬에 오븐 시트를 깔고 그래뉼러당을 넓게 뿌린 다음, 아몬드,캐슈너트,헤이즐넛을 한 줌씩 일

정한 간격으로 깐다. 그 위에 반죽을 올려 누른다.

3 애플 퀸아망 : 오븐팬에 오븐 시트를 깔고 카소나드 설탕을 넓게 뿌린 다음, 사과 캐러멜리제를 두 조각씩 놓는다. 사과 위에 반죽을 얹고 아몬드를 뿌린 다음 누른다.

4 최종발효는 하지 않는다. 오븐에 넣기 전까지 -3℃에 보관하다가 180℃에서 10분 동안 구운 다음, 오븐팬 3개를 얹어 반죽을 누른 상태로 20분 이상 더 굽는다.

⠆ 사과 캐러멜리제

재료 (만들기 쉬운 분량)

| 구운 사과 적당량

1 구운 사과를 컨벡션 오븐에 넣고, 100℃에서 1시간, 140℃에서 45분 동안 구워 캐러멜라이즈한다.

말차와 사과

말차 크림과 구운 사과, 건크랜베리를 데니시 페이스트리
반죽으로 싸서 작은 파운드 틀에 담는다. 틀에 담아 굽기
때문에 겉은 바삭하고 속은 촉촉하게 구워진다.

재료 (10cm×5cm×깊이 4cm인 사각형 16개 분량)

데니시 페이스트리 반죽(→P.212)
가로 50cm×세로 36cm×두께 3mm 1장
말차 크림 A[1] 466g
초콜릿 칩 50g
건크랜베리(열매)[2] 150g
구운 사과(→P.276) 6개
말차 크림 B[3] 약 120g
말차 머랭[4] 약 80g
장식용 말차 적당량

[1] 크렘 다망드 360g, 커스터드크림(→P.229) 100g,
   말차 6g을 골고루 섞은 것.
[2] 크랜베리는 물(분량 외)에 담가 둔다.
[3] 크렘 다망드 150g, 커스터드크림 90g, 말차 7g을
   골고루 섞은 것.
[4] 달걀흰자 1750g과 그래뉴러당 1400g으로 머랭으
   로 만든 다음, 아몬드파우더 1050g을 뭉치지 않게
   섞는다. 그중에서 720g을 덜어 낸 다음, 여기에 말
   차 7g을 넣고 섞은 것.

1 데니시 페이스트리 반죽을 작업대에 가
  로로 길게 놓고, 위쪽 3cm 정도를 제외한
  나머지 부분에 말차 크림 A를 골고루 바
  른다. 반죽 아래쪽에 초콜릿 칩을 가로로
  한 줄 올린다. 그랜베리를 간격을 적당히
  벌리고 세 줄 놓는다. 구운 사과를 한 입
  크기로 썬 다음, 크랜베리 사이사이에 흩
  뿌린다. 반죽 아래쪽에서부터 틈이 생기
  지 않게 둘둘 만다. 남겨 두었던 반죽 위
  쪽 부분에 분무기로 물을 뿌린 다음, 반죽
  이 말린 끝부분에 붙인다.

2 90~95g으로 자른 다음, 가늘고 긴 타원
  형을 만든다. 잘린 단면이 위로 오도록 틀
  에 담는다. 그대로 하룻밤 동안 냉동고에
  둔다.

3 반죽 표면에 말차 크림 B를 얇게 바르고,
  그 위에 말차 머랭을 올린다.

4 180℃에서 25분 동안 굽는다. 한 김 식힌
  후에 말차를 체에 쳐서 뿌린다.

몽블랑

계절별로 다양한 재료를 사용해 만드는 과일 데니시는 프랑스 과자처럼 여러 가지 맛을 겹쳐 놓아 언제든지 먹고 싶어진다. 밤 데니시는 아래쪽에 숨겨 둔 블랙커런트 잼이 맛의 포인트다.

재료

데니시 페이스트리 반죽(→P.212)
가로세로 8cm×두께 3mm 1장
블랙커런트 잼[1] 2g
크렘 다망드 5g
마스카르포네 치즈 5g
마롱 크림[2] 아래의 재료로 만든
크림 가운데 20g
┌마롱 페이스트 100g
└마스카르포네 치즈 50g
밤 감로자(시판 제품) 4분의 1개
껍질이 있는 구운 아몬드(부순 것) 적당량

[1] 말린 블랙커런트 300g, 그래뉼러당 150g, 물 150g
을 불에 올려 걸쭉해질 때까지 조린 것

[2] 마롱 페이스트와 마스카르포네 치즈를 뭉치지 않게
잘 섞은 것

1 데니시 페이스트리 반죽을 지름이 6.5cm 인 폼포네트 틀에 중심을 맞춰 담은 뒤, 손끝으로 눌러 틀에 바싹 붙인다.

2 32℃, 습도 78%에서 1시간 30분~2시간 동안 발효시킨다.

3 블랙커런트 잼을 바닥 중앙에 올리고, 그 위에 크렘 다망드를 얹어 205℃에서 13분 정도 굽는다.

4 한 김 식힌 뒤, 마스카르포네 치즈를 올린다. 그 위에 몽블랑용 깍지를 끼운 짤주머니를 이용해 마롱 크림을 짠다. 크림 윗부분에 밤 감로자를 얹고, 주변에 아몬드를 뿌린다.

데니시 페이스트리에는 다양한
제철 과일을 사용한다. 잼이나 크
림, 줄레 같은 부재료도 사용하는
과일에 맞추어 바꾸어 있다.

CHAPTER
9

기본
테크닉

1. 데크 오븐

독일 비쇼(WIESHEU) 사의 제품. 사이즈는 4매 3단이
다. 히터 열량이 높아서 반죽이 잘 부풀고, 열이 골고
루 전달되어 반죽이 고르게 구워진다.

2. 컨벡션 오븐

프랑스 파바일러사의 제품 두 대를 겹쳐서 사용하고
있다. 사이즈는 1매 4단·1매 6단이다. 밀폐성이 뛰어
나 빵이 촉촉하게 구워진다.

3. 도우컨디셔너

후쿠시마공업(현 후쿠시마 갈릴레이)의 제품을 사용
하고 있다. 두 칸을 독립적으로 제어할 수 있으며, 각
칸의 사이즈는 2매 8단이다. 영업 중에는 32℃, 야간
에는 18℃로 설정해 둔다.

4. 믹서

독일 디오즈나(Diosna) 사의 제품으로, 용량은 25쿼
터다. 넣을 수 있는 밀가루의 양은 9kg가 적정량이지
만, 우리 가게에서는 16kg까지도 넣고 있다.

5. 탁상용 파이롤러

스위스 론도(RONDO) 사의 제품이다. 작업대 위에 놓
고 사용하고 있다. 컨베이어의 속도나 시팅 두께를 수
동으로 세밀하게 조정할 수 있고, 정밀도도 좋다.

공간을 최대한 활용해야 하기 때문에 선반도 원하는
사이즈로 주문 제작했다. 따뜻한 톤의 조명도 좋은 매
장 분위기 형성에 일조하고 있다.

공방

**팽 스톡에서 판매하는 빵은
이런 공방에서 탄생하고 있다**

팽 스톡의 공방은 면적이 14평이다. 동시에 최대 여섯 명이 작업할 수 있는 커다란 작업대를 공방 중앙에 설치하고, 작업대 주변을 둘러싸듯이 벽 쪽에 오븐, 도우컨디셔너, 세로형 냉장고, 선반, 재료 선반, 2조 싱크 작업대, 하부 냉장고 등을 배치했다. 한정된 공간을 효율적으로 활용할 수 있도록 통로의 폭을 두 사람이 겨우 스쳐 지나갈 수 있는 60cm 정도로 하는 대신 작업대 공간을 최대한 넓게 확보했다. 매장에서도 잘 보이는 독일 비쇼 사의 데크 오븐은 기능성뿐만 아니라 '심플하고 세련된 바우하우스적인' 디자인 또한 구매를 결정하게 된 요인이 되었다.

파이롤러는 오븐에서 가장 떨어져 있는 주방 안쪽에 배치했다.

데크 오븐은 매장에서도 잘 보이는 곳에 있다.

믹서 옆에서 주방과 매장을 본 모습. 하부 냉장고 네 개를 붙여 만든 큰 작업대는 크기가 가로 3m×세로 1.2m다.

도구

가급적 심플한 도구를 사용하는 대신
사람의 손을 잘 활용해서 빵을 만든다

팽 스톡에는 분할기나 정형기가 없다. 수작업으로 만드는 빵이 기계로 찍어 내는 빵보다 보기에도 좋고 맛
도 더 좋다고 생각하기 때문이다. 수분이 많고 장시간 발효시킨 반죽은 결합이 약하고 신장성도 뛰어나지
않기 때문에 다루기가 까다로운 부분이 있다. 이번에 소개하는 것들은 그런 반죽을 좀 더 쉽게 다룰 수 있
을 뿐만 아니라 한정된 주방 공간을 효율적으로 사용할 수 있게 돕는 도구들이다. 필요할 때는 도구의 힘도
빌리지만, 스스로 생각해 손을 움직일 수도 있는 직장이 되었으면 한다.

온도계

반죽을 끝낼 타이밍을 판단하는 중
요한 기준이 되는 것이 반죽의 상
태와 온도다. 반죽의 온도는 믹싱
시간에 비례해 높아지므로 재료의
온도·기온·믹싱 시간을 종합적으
로 고려해야 한다.

추저울

반죽을 분할할 때는 반응이 빠른
추저울을 애용한다. 전자저울은 중
량이 표시될 때까지 시간이 걸려
잘 사용하지 않게 되었다.

스크레이퍼

플라스틱 스크레이퍼는 반죽을 모
을 때나 캔버스천을 청소할 때 사
용하고, 금속제 스크레이퍼는 반죽
을 분할할 때 사용한다. 수분이 많
고 부드러운 반죽을 분할할 때는
한 번에 깔끔하게 잘리는 금속제
스크레이퍼를 사용하는 것이 좋다.

캔버스천

주름을 잡아 '벽'을 만들고, 성형한 반죽을 가지런히 놓는다. 바게트의 길이에 맞추어 100cm×40cm 크기를 사용한다. 잘 들러붙지 않으면서도 형태를 잘 잡아 주는 캔버스천이 반드시 필요하다.

오븐팬

작은 빵을 구울 때나 컨벡션 오븐에서 구울 때 사용하는 오븐팬이다. 사이즈는 전부 60cm×40cm다. 사진 속 타공 오븐팬은 반죽의 열이 잘 빠져나가게 하고 싶을 때 사용한다.

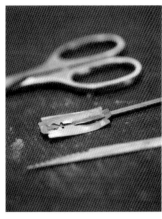

쿠프나이프·가위

반죽에 칼집을 낼 때는 대부분 쿠프나이프(사진 가운데)를 사용지만, 과일이나 견과류가 들어가는 르방에는 톱날칼을 사용한다. 작은 빵의 반죽 일부를 자를 때는 가위도 활용한다.

판

주문 제작한 선반에 맞춰 오븐팬과 동일한 사이즈로 맞춘 판. 구워진 빵을 가지런히 놓고 식힐 때나 발효 중인 반죽을 담은 볼을 겹쳐 놓고 싶을 때 칸막이하는 용도로 사용하면 좋다.

차 거름망

반죽의 마무리 단계에서 가루를 체에 칠 때 쓰기 편한 차 거름망. 반죽의 덧가루, 분당, 말차 등 재료별로 구분해서 사용한다.

바게트 판

반죽이 잘 들러붙지 않도록 두 겹의 스타킹으로 감싼 판이다. 길이는 바게트 길이에 맞추어 50cm 정도로 했다. 바게트나 해삼 모양의 빵은 최종발효 후에 이 판을 이용해 베이킹 필로 옮긴다.

틀

보형성이 떨어지는 고흡수 반죽은
틀을 이용해 재미있는 모양을 만든다

팽 스톡에서는 식빵 외에도 디저트용 빵이나 식사용 빵에
도 틀을 사용하는 경우가 많다. 수분이 많아 부드러운 반
죽에 소를 듬뿍 넣어도 틀에 넣어 구우면 형태가 흐트러
지지 않게 잘 구울 수 있고, 모양에도 변화를 줄 수 있다.

식빵 틀

이 책의 6장에 소개하고 있는 식
빵은 주문 제작한 2×6칸짜리 틀
에 굽는다. 한 칸의 사이즈는 가로
17cm×세로 7cm×깊이 5cm다.

폼포네트 틀

반죽으로 소를 감싸는 형태의 디
저트용 빵과 식사용 빵에 자주 이
용하는 원형 틀이다. 사이즈는 지
름 6.5cm(바닥 지름 6cm)×깊이
4cm다. 4×5칸으로, 한 번에 스무
개를 구울 수 있다.

작은 타원형

'이탈리아의 은총'(P.253)을 만들
때 사용하는 타원형 틀이다. 사이
즈는 7cm×5cm×깊이 3cm다.

코키유(조개) 틀

주로 '키빗크'(P.225)를 만들 때 사용하는 조개껍데기 모양의 틀이다. 원래는 마들렌용 틀이며, 사이즈는 가로 7cm×세로 7cm다.

별모양

'토마토와 치즈를 넣은 코코넛 카레 빵'(P.252)을 만들 때 사용하는 별모양의 틀이다. 사이즈는 지름 10cm×깊이 4cm다.

피낭시에 틀(깊은 것)

'말차와 사과'(P.278)를 만들 때 사용하는 깊은 피낭시에 틀이다. 사이즈는 가로 10cm×세로 5cm×깊이 4cm다.

펀치1

반죽에 탄력은 더하지 않으면서도 오븐에서는 잘 부풀게 하는 것이 목적이다. 글루텐이 강화되지 않도록 반죽을 '접지 않는' 펀치 방식이다.

사진 속 반죽은 '19세기 바게트'(P.91)

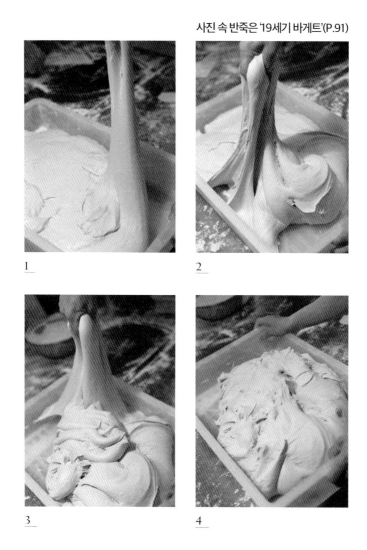

1 도우박스에 담긴 반죽을 가장자리부터 순서대로 수직 방향으로 들어 올렸다가 그대로 손에서 놓는 움직임을 반복한다.

2 반죽이 끊어지지 않도록 충분한 양을 집어 잡아당긴다.

3 잡아당기는 위치를 조금씩 옮겨 가며 반죽 전체를 펀치한다.

4 펀치 작업을 마친 모습. 이 시점에서 반죽이 뻑뻑하게 느껴지면 물을 더 첨가할 수도 있다.

펀치2

탄력과 신장성을 조금 강화하는 펀치 방식이다. 글루텐을 억제해 부드러운 식감을 내고 싶은 반죽에 이용한다.

사진 속 반죽은 '팽드미 프랑스'(P.172)

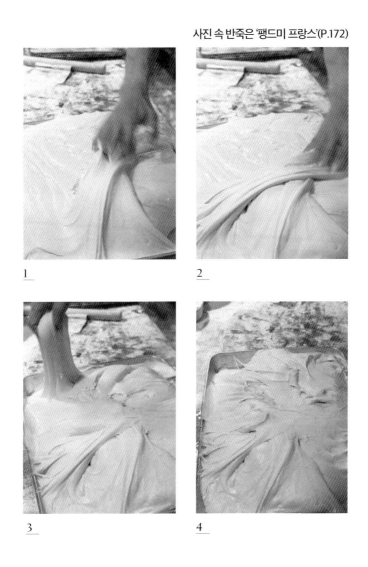

1

2

3

4

1	반죽을 높이 들어 올리지 않고, 가장자리에 있는 일부 반죽을 손으로 쥐어 중앙 쪽으로 접는다.
2	나머지 방향에서도 1처럼 가장자리에 있는 반죽을 중앙 쪽으로 접는 작업을 반복한다.
3	2의 작업을 이어 나간다. 접힌 반죽의 끝이 조금 겹쳐져도 괜찮다.
4	펀치 작업을 마친 모습. 손으로 만졌을 때 반죽이 너무 풀어져 있다는 느낌이 들면 좀 더 강하게 잡아당겨서 접는다.

펀치3

오븐에서 부푸는 정도나 탄력 모두 중간 수준으로 강화하는 펀치 방식이다. 부드럽지만 탄력이 없는 반죽
이 형태를 유지하게 한다.

사진 속 반죽은 '팽드미 브리오슈'(P.186)

  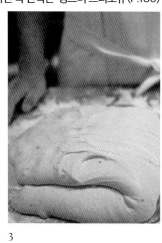

1 ____ 2 ____ 3 ____

1 반죽을 작업대로 옮긴 다음, 먼저 반죽의 아래쪽부터 접는다.

2 반죽의 위쪽을 아래로 접는다. 반죽이 부드러우므로 너무 세게 잡아당기지 않도록 주의하면서
   빠르게 작업을 진행한다.

3 가로로 길게 세 겹 접기를 한 반죽을 왼쪽에서 접어 반으로 겹친다. 3~4의 사진 속 반죽은 이미
   세 겹 접기를 한 상태다.

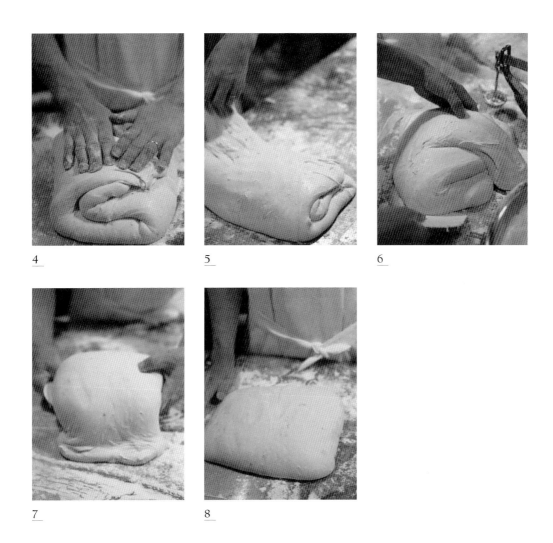

4   5   6

7   8

4   이번에는 오른쪽에서 반으로 접는다. 이렇게 하면 사방에서 반죽을 겹쳐 접은 상태가 된다.

5   아래쪽에서 반죽을 들어 올려 매끈한 면이 위에 가게 한다. 반죽 자체의 무게를 이용해 단숨에 위쪽으로 넘긴다.

6   플라스틱 스크레이퍼를 이용해 반죽을 바닥에서 떼어 내어 일단 한 번 완전히 들어 올린다.

7   반죽을 들어 올릴 때 손은 반죽의 중앙에 둔다. 반죽 끝부분은 바닥 안쪽으로 모은다.

8   펀치 작업을 마친 모습. 이 방향을 그대로 유지한 채 발효시킨다.

펀치4

오븐에서도 잘 부풀고 탄력도 좋아지는 '가장 강력한' 펀치 방식이다. 반죽의 방향을 바꿔 가면서 반복적으로 잡아 당겨 접는다.

사진 속 반죽은 '팽드미 독일'(P.164)

 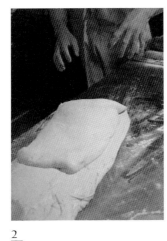 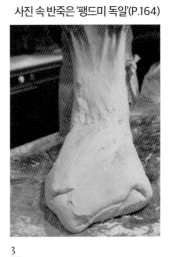

1   2   3

1   반죽을 작업대 위로 옮긴 다음, 아래쪽 반죽을 쥐고 팽팽해질 때까지 잡아당긴다.

2   반죽의 무게를 이용해 반죽을 아래쪽에서 위쪽으로 접는다. 이 작업을 4~5번 반복하면서 평평한
        롤 케이크 형태로 반죽을 포갠다.

3   반죽을 90도 돌려 방향을 바꾼다. 1~2의 작업을 반복한다.

4	반죽을 층층이 포개는 작업을 계속하면 반죽이 강해진다.
5	다 접은 반죽을 옆에서 본 모습. 이 상태에서 이음매가 위로 오게 반죽을 90도 돌린다.
6	위에서부터 아래로 반죽을 접은 다음, 표면을 팽팽하게 당겨 매끄럽게 다듬는다.
7	반죽을 아래에서 위로 되밀어 이음매를 밀착시킨다. 반죽을 뒤집은 다음, 90도 돌려 6~7의 작업을 반복한다.
8	매끈한 면이 위로 오게 반죽을 들어 올린 다음, 도우박스로 옮긴다.
9	펀치 작업을 마친 모습. 반죽 표면이 매끄러워졌다.

분할

반죽에 얼마만큼 부담을 가하지 않고 분할할 수 있을지 궁리를 거듭해야만 부드러우면서도 형태를 유지하는 반죽을 만들 수 있다.

사진 속 반죽은 '팽 스톡(1~7·P.36),
'얼 그레이와 화이트초콜릿'(8~10·P.116)

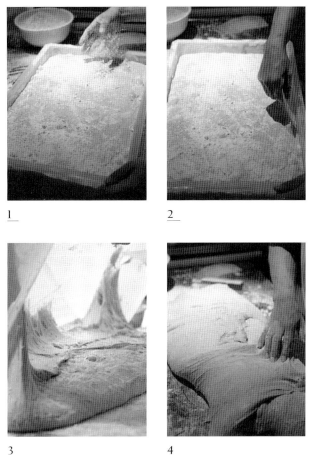

1   발효를 마친 반죽 표면에 덧가루를 뿌린다. 이 상태에서 반죽을(추가) 도우박스에서 꺼내면 이 면이 아래를 향하게 된다.

2   도우박스에서 반죽이 쉽게 빠져나올 수 있도록 플라스틱 스크레이퍼를 도우박스와 반죽 사이에 찔러 넣는다.

3   도우박스를 기울여 반죽을 꺼낸다. 도우박스에 들러붙은 반죽의 바닥면을 스크레이퍼로 긁어내고, 그 이후에는 가급적 반죽을 건드리지 않고 작업대에 넓게 퍼지기를 기다린다.

4   반죽이 너무 무른 느낌이 들 때는 반죽을 두 겹이나 세 겹으로 접어 탄력을 더한다.

5   한 번에 일정량으로 분할하기 쉽도록 일단 반죽을 일정한 폭의 띠 형태로 자른다.

6   5에서 띠 형태로 자른 반죽을 작게 잘라 일정량으로 분할한다.

7   분할할 때는 글루텐이 손상되지 않게 한 번에 자르는 것이 이상적이다.

8   작게 분할할 빵은 분할하기 전에 반죽의 두께를 일정하게 다듬는다. 반죽을 작업대에 옮기고 나
             면 반죽 밑으로 손을 살며시 넣어 반죽을 팽팽하게 한다.

9   반죽을 들어 올린 다음, 반죽의 무게를 이용해 얇게 펴서 사각형으로 다듬는다. 최대한 손을 적게
             대도록 한다.

10   반죽의 굳기와 두께가 알맞아지면 이대로 표면에 덧가루를 뿌려 분할한다. 반죽이 너무 퍼지면
             두 겹으로 접는다.

작은 빵 둥글리기

입에서 살살 녹는 부드러운 빵을 만드는 비결은 '아래쪽에서부터 힘을 가하는 것'이다.

사진 속 반죽은 '팽드미 브리오슈'(P.186)

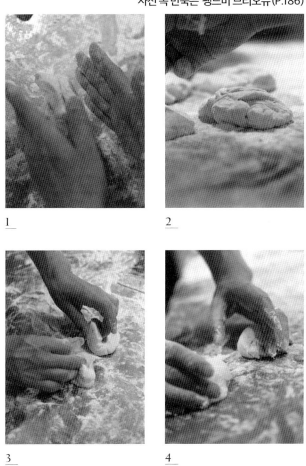

1

2

3

4

1   반죽을 양쪽에서 세로로 길게 반으로 접어 두 겹을 만든다.

2   두 겹이 된 반죽은 이음매를 중앙에 놓으면 자연스럽게 옆으로 퍼진다.

3   검지와 중지를 반죽 중앙에 대고, 엄지를 이용해 반죽을 아래쪽에서 위쪽으로 접어 표면을 팽팽하게 당긴다.

4   접힌 이음매가 자연스럽게 뭉쳐지도록 네 손가락 끝으로 조심스럽게 끌어당긴다.

5   4의 작업을 반대편에서 본 모습. 반죽을 위쪽이 아닌, 아래쪽에서부터 힘을 주어 굴린다.

6   이음매가 뭉쳐지면 손을 옆으로 옮긴 다음, 새끼손가락을 작업대에 붙인 상태로 반죽을 밀어서
     굴린다.

7   6의 움직임을 옆에서 본 모습. 이 시점부터 반죽이 매끄럽고 둥근 형태를 띠기 시작한다.

8   이음매를 붙이기 위해 힘을 줄 때도 가급적 손끝만을 이용해 옆이나 아래 방향으로 누른다.

9   그대로 밑에서부터 들어 올리듯이 손에 올린다.

10   도우박스에 가지런히 담으면 반죽이 금세 풀어져 평평해질 정도로 부드럽다.

안에 펄 슈가나 버터를 싼 롤빵
등은 소를 싸서 세 겹 접기를 한
다음, 3 이후와 같은 방법으로 둥
글리기를 한다.

식빵 둥글리기1

반죽을 깔끔하고 신속하게 정돈하기 위한 심플한 방식

사진 속 반죽은 '팽드미 독일'(P.164)

1

2

3

4

5

6

1	분할을 마친 모습. 단면이 겉으로 드러나지 않게 둥글린다.
2	양손으로 반죽을 하나씩 둥글린다.
3	반죽을 두 겹으로 접은 이음매 부분을 네 손가락 끝으로 가볍게 누른다.
4	그대로 손끝에만 힘을 주어 반죽을 아래로 끌어당기면 이음매가 아래로 향하면서 반죽 표면이 자연스럽게 팽팽해진다.
5	그대로 들어 올려 오븐팬 등으로 옮긴다.
6	둥글리기를 마친 반죽의 모습. 워낙 반죽이 부드러워서 이음매도 벤치 타임 중에 자연스럽게 달라붙기 때문에 굳이 손으로 눌러 완전히 여미지 않아도 된다.

식빵 둥글리기2

층을 겹쳐서 볼륨감을 주고 싶을 때 하는 둥글리기 방법. 식빵과 바게트에 모두 활용할 수 있다.

사진에 나온 반죽은 '19세기 바게트'(P.91)

1   바게트 반죽을 분할한 모습. 수분이 적은 편이어서 반죽이 조금 팽팽하다.

2   양손으로 반죽을 접어 세 겹 접기를 한다.

3   2의 작업을 옆에서 본 모습. 반죽을 사이에 두고 손을 맞잡듯이 한다.

4   3을 아래쪽에서 들어 올려 위쪽으로 만다.

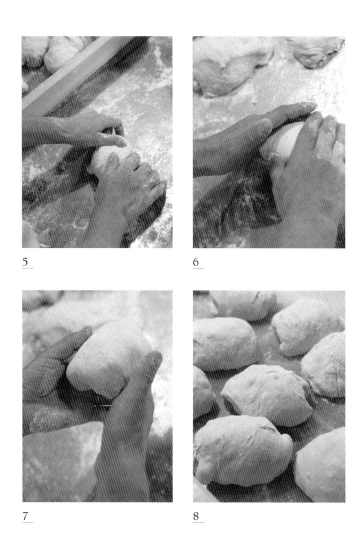

5   6

7   8

5   반죽의 위쪽에서는 힘을 가하지 않고, 반죽의 아래쪽과 옆쪽에 손을 대어 끝까지 만다.

6   다 만 반죽을 조심스럽게 앞으로 끌어당기며 반죽 자체의 무게를 이용해 여민다.

7   그대로 양손으로 들어 올려 도우박스 등에 옮겨 담는다.

8   둥글리기를 마친 반죽의 모습. 둥글리기를 하면 반죽이 수축되고 탄력이 증가한다.

르방 성형

과일과 견과류를 넣는 팽 스톡은 반죽을 분할한 후 곧바로 성형을 시작한다. 가급적 반죽에 자극을 가하지 않으면서 형태와 표면을 정리한다.

사진 속 반죽은 '카카오 루즈 쇼콜라'(P.80)

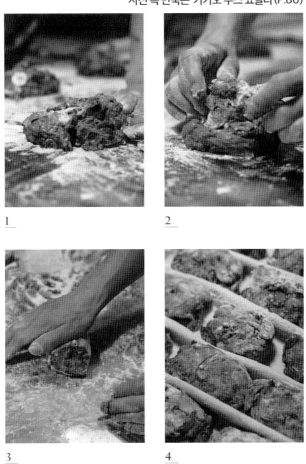

1 분할한 반죽을 작업대에 두고, 아래쪽에서부터 반죽 밑으로 손가락을 밀어 넣어 밑에서부터 반죽을 들어 올린다.

2 반죽의 아래쪽 끝이 들리면 양손으로 옆쪽을 조심스럽게 잡고 위쪽으로 접는다.

3 힘을 주지 않고 손으로 가볍게 굴려 이음매 부분을 붙인다.

4 캔버스천에 주름을 잡아 가며 반죽을 올린다. 반죽이 워낙 부드러워서 오븐에 넣기 전에 퍼져서 조금 평평해진다.

'무화과와 머스캣'(P.76)은 반죽
위에 무화과를 올리므로 반죽
을 옆이 아닌 아래쪽에서 들어
올려 접는다.

성형할 때의 자세

성형을 할 때는 반죽에 손댈 때 체중이 실리지 않게
주의한다. 어깨의 힘을 풀고, 등을 곧게 편다. 특히 부
드러운 반죽을 성형할 때는 무릎으로 중심을 잡는다
는 느낌으로 팔을 가볍게 움직여야 반죽에 자극이 덜
가해진다.

해삼 모양으로
네 겹 접기 성형

큰 반죽을 구울 때는 성형을 단순하게 해야 한다. 반죽에 가급적 힘을 가하지 않고 한 덩어리로 만든다.

사진 속 반죽은 '호두빵'(P.104)

1

2

3

1   반죽을 분할할 때는 나중에 네 겹 접기를 하기 쉽도록 사각형에 가깝게 자른다.

2   아래쪽에서부터 4분의 1 정도를 가운데 쪽으로 접는다.

3   접힌 끝부분을 가볍게 눌러 밑에 있는 반죽에 밀착시킨다.

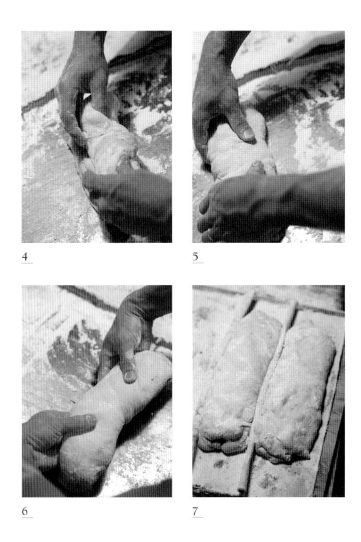

4

5

6

7

4 위쪽 반죽도 아래쪽으로 접는다. 사진에 나온 것은 네 겹 접기지만, 무리하게 하지 말고 반죽의 강도나 신장성에 따라 알맞게 접으면 된다.

5 손끝을 반죽 밑으로 밀어 넣어 반죽을 잡아당긴다. 그러면 이음매가 보이지 않는 면이 팽팽해지고, 이음매는 밑을 향하게 된다.

6 양손으로 반죽을 밑에서부터 번쩍 들어 올린 다음, 주름을 잡아 놓은 캔버스천 위로 옮긴다.

7 성형을 마친 반죽의 모습. 오븐에 넣기 전까지는 반죽이 자연스럽게 풀어진다.

레트로 바게트 성형

반죽이 뭉개지지 않도록 최대한 손에 힘을 뺀 채로 반죽의 무게를 이용해 가늘고 길게 밀어 나간다

사진 속 반죽은 '호두빵'(P.104)

1

2

3

1   분할을 마친 반죽의 모습. 반죽에 부담이 가지 않도록 최소한의 움직임으로 반죽을 직사각형으
     로 분할한다.

2   반죽의 아래쪽 3분의 2 정도를 위쪽으로 접은 다음, 그대로 만다.

3   반죽 표면을 팽팽하게 당긴 후, 이음매가 바닥을 향하게 둔다. 여기까지가 둥글리기에 해당하는
     작업이다.

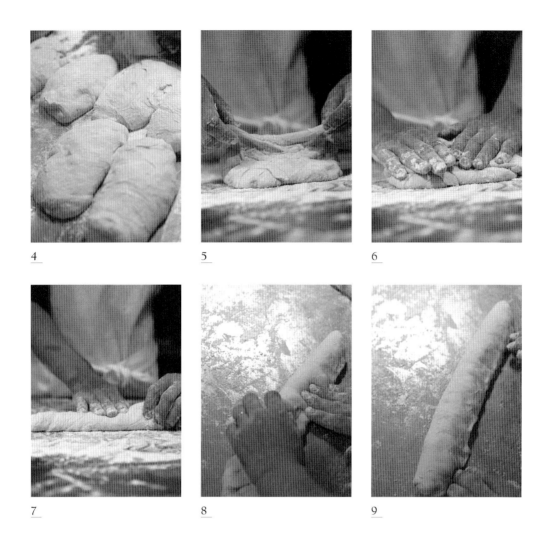

4

5

6

7

8

9

4 3을 마친 반죽의 모습. 잠시 휴지한다.

5 휴지를 마친 뒤 성형한다. 먼저 아래쪽부터 3분의 2 정도를 안쪽으로 접는다.

6 이음매 부분을 가볍게 누른다. 반죽을 살짝 들어 올려 풀어주는 동시에 반죽의 무게를 이용해 반죽을 길게 늘인다.

7 오른쪽 끝에서부터 반죽을 조금씩 위쪽에서 아래쪽으로 3분의 2정도 접는다. 이때 왼손 엄지로 접는 길이를 맞추고, 반죽을 접을 때마다 오른손으로 이음매를 충분히 누른다.

8 7의 작업을 위에서 본 모습. 어디까지나 이음매 부분만 누를 뿐, 반죽 전체에는 힘을 가하지 않는다.

9 8을 마치고 다시 한 번 위쪽에서 아래쪽으로 반죽을 접으면서 7·8과 같은 요령으로 이음매를 한쪽 끝에서 반대쪽 끝까지 누른다.

<u>10</u>

<u>11</u>

<u>12</u>

10   양끝을 잡고 들어 올리면서 반죽의 무게를 이용해 반죽을 늘인다.

11   힘을 가하지 않고 몇 번 살살 굴려서 모양을 다듬는다.

12   반죽을 캔버스천 위에 올린다. 반죽을 한 개씩 올릴 때마다 주름을 잡아 너비를 반죽에 꼭 맞춘
      다. 시간이 지나면 반죽이 풀어지면서 더 길어진다.

19세기 바게트 성형

반죽을 접어서 층을 쌓아 충분히 부풀도록 심을 만들어 성형한다

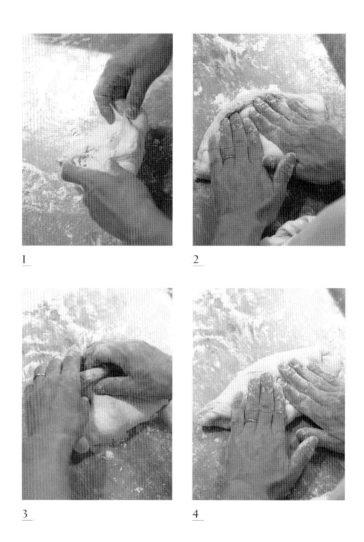

1

둥글리기를 마친 반죽의 이음매 부분이 위로 오게 작업대에 놓고, 가볍게 눌러 반죽을 평평하게 한다. 그런 다음 반죽을 아래쪽에서 위쪽으로 접는다.

2

접힌 이음매는 꾹 눌러서 붙인다.

3

반죽을 위쪽에서 아래쪽으로 접어 세 겹 접기나 네 겹 접기를 한다.

4

반죽을 아래쪽으로 접은 모습. 반죽의 이음매는 한쪽 끝에서 반대쪽 끝까지 손가락으로 꼭꼭 눌러 밀착시킨다.

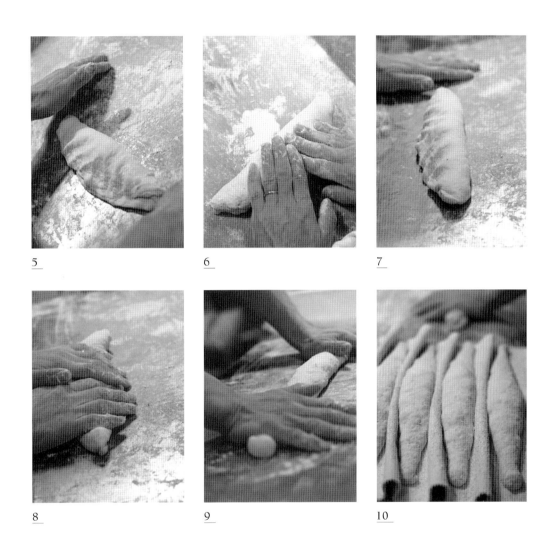

5 　　　　다시 반죽을 위쪽에서 아래쪽으로 접는다.

6 　　　　4와 마찬가지로 이음매를 한쪽 끝에서 반대쪽 끝까지 손가락으로 꼭꼭 눌러 밀착시킨다.

7 　　　　6까지의 작업을 마친 모습.

8 　　　　중앙에 양손을 올린 다음, 양끝을 향해 서서히 힘을 가하면서 아래쪽↔위쪽으로 굴린다.

9 　　　　양쪽 끝은 엄지손가락 한 마디 정도만 남기고 너무 가늘어지지 않게 누르면서 굴린다.

10 　　　주름을 잡은 캔버스천 위에 반죽을 올린다. 굽기 전까지 중앙의 볼록하게 솟아오른 부분이 꺼지
　　　　　지 않도록 캔버스천의 주름을 높게 잡는다.

식빵 성형1

반죽을 꾹꾹 주물러 심을 만드는 '눌러서 둥글리기' 방식은 반죽에 볼륨감을 주는 가장 강력한 성형법

사진 속 반죽은 '팽드미 독일'(P.164)

1	둥글리기를 마친 반죽을 손에 들고, 살짝 접어 표면을 팽팽하게 한다.
2	반죽을 작업대에 놓는다. 손바닥 아랫부분을 이용해 아래쪽에서부터 반죽을 작업대에 문지르듯이 누른다.
3	이 과정에서 살짝 뭉개진 반죽의 표면이 더 팽팽해지고 이음매 부분도 밀착된다.
4	다 누르고 난 후에는 네 손가락 끝으로 아래쪽에서부터 힘을 가해 다시 끌어당긴다.
5	3의 작업을 반대편에서 본 모습. 반죽을 한 번 꾹 눌러서 안에 든 가스를 뺀 다음, 심을 만든다.
6	성형을 마친 반죽의 모습. 반죽을 식빵 틀에 두 개씩 나란히 놓는다. 이때 이음매는 바닥을 향하게 한다.

식빵 성형 2

틀에 넣어 굽는 빵의 대표적인 성형법. 강하게 눌러 가며 층을 겹겹이 쌓아 균일하게 부풀린다.

사진 속 반죽은 '팽드미 프랑스'(P.172)

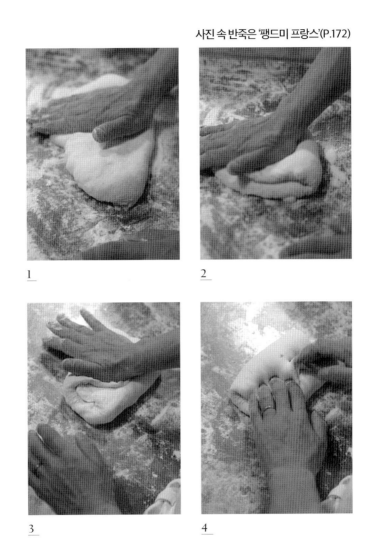

1

2

3

4

1   둥글리기를 마친 반죽의 이음매가 위로 오게 놓은 다음, 손바닥으로 꾹 눌러 반죽을 납작하게 한다.

2   반죽을 아래쪽에서 위쪽으로 40% 정도 접고, 꾹 눌러 평평하게 한다.

3   나머지 부분을 위쪽에서 아래쪽으로 접어 꾹 누른다.

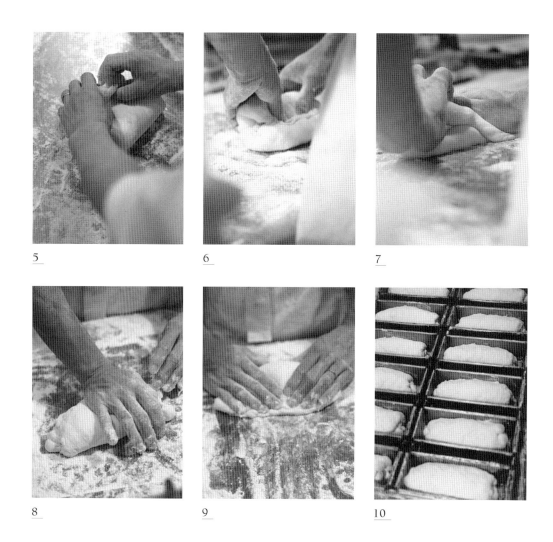

4   이음매를 손끝으로 꾹 눌러 밀착시킨다.

5   엄지를 이음매 부분에 대고, 다른 네 손가락으로 반죽을 바닥면을 당기는 느낌으로 위쪽에서 아
     래쪽으로 접는다.

6   5의 작업을 반죽 높이에서 본 모습.

7   반죽의 양쪽 끝을 겹쳤으면 겹쳐진 끝을 손바닥 아랫부분으로 체중을 실어 누르며 밀착시킨다.

8   7의 작업을 위에서 본 모습.

9   반죽 위쪽에 네 손가락을 얹고, 아래로 끌어당겨 표면을 팽팽하게 한다.

10   그대로 양손으로 들어 올려 이음매가 아래에 오게 틀에 담는다.

식빵 성형3

글루텐이 약한 반죽으로 식빵을 만들 때는 부드러운 층을 여러 겹 쌓아서 틀에 넣는다

사진 속 반죽은 '팽드미 레쟝'(P.136)

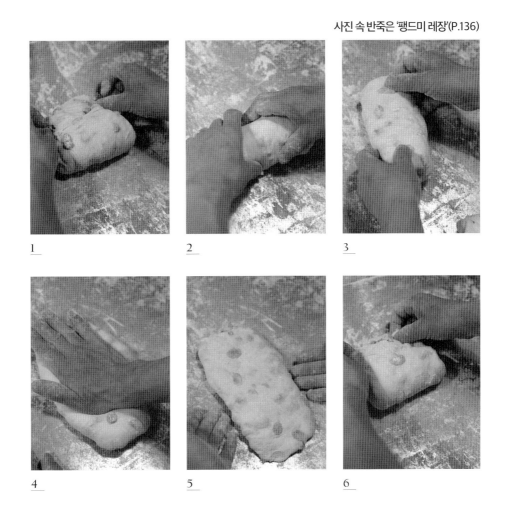

1

2

3

4

5

6

1   반죽을 작업대에 올리고, 아래쪽을 약간 잡아당겨 반죽의 3분의 1 정도를 위쪽으로 접는다.

2   그런 다음 위쪽에서 아래쪽으로 반죽을 접어도 되고, 반죽이 잘 늘어나지 않을 때는 그대로 위쪽
        으로 굴려 세 겹 접기를 한다.

3   반죽을 90도 돌려 세로로 길게 놓는다.

4   손바닥으로 꾹 눌러 가스를 빼고 반죽을 평평하게 한다.

5   4의 작업을 마친 반죽의 모습. 반듯한 직사각형 형태가 된다.

6   반죽의 아래쪽 3분의 1을 위쪽으로 접는다.

7	위쪽에서 아래쪽으로 반죽을 접어 양끝을 맞춘다.
8	손으로 꾹 눌러 가스를 빼고, 겹쳐진 반죽을 밀착시킨다.
9	8의 작업을 마친 반죽의 상태.
10	위쪽에서 아래쪽으로 반죽을 접어 두 겹으로 만든 다음, 손바닥 아랫부분으로 반죽이 겹쳐진 끝 부분만 꾹 누른다.
11	반죽을 아래로 살짝 끌어당겨 표면을 팽팽하게 하고, 이음매가 바닥을 향하게 한다.
12	그 상태로 반죽을 양손으로 들어 올려 틀에 담는다.

접기형 반죽

균일하게 아름다운 층을 만들 수 있도록 버터와 반죽 끝부분을 맞춘 다음 서서히 늘인다

사진 속 반죽은 '데니시 페이스트리'(P.212)

<u>1</u>　　　　　　　　<u>2</u>　　　　　　　　<u>3</u>

1　　　　반죽을 밀대로 늘인다. 두께는 15mm를 기준으로 한다. 형태를 다듬어가며 잘 늘인다.

2　　　　반죽을 45도 돌려 비스듬하게 놓은 뒤, 버터를 올릴 중앙 부분을 남기고 네 모서리를 더 얇게 늘인다. 이 부분은 두께를 10mm로 한다.

3　　　　두껍게 남아 있는 중앙 부분에 버터를 올린다.

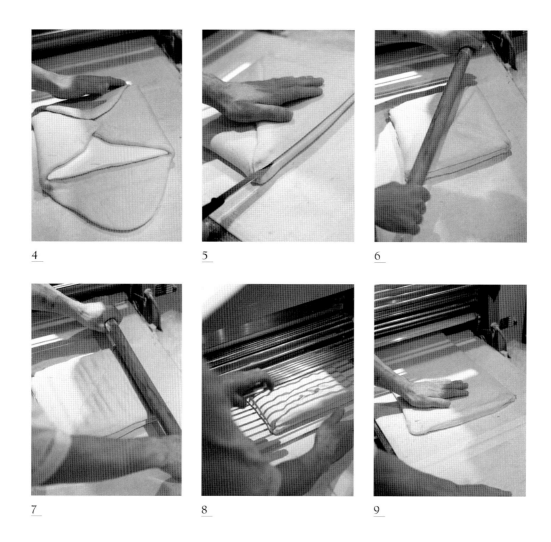

4   네 모서리를 늘인 부분을 접어 버터를 감싼다. 이때 반죽이 겹치거나 모자라지 않고 딱 맞는 것이
    좋다.

5   파이롤러를 이용해 반죽을 늘일 때, 안쪽에 있는 버터의 압력 때문에 반죽이 찢어지지 않도록 사
    방에 칼집을 낸다.

6   대각선을 이루고 있는 반죽의 이음매 부분을 밀대로 눌러 버터와 반죽을 붙인다.

7   밀대를 가로 방향으로 놓고, 전면에 걸쳐 눌러 버터와 반죽을 완전히 밀착시킨다.

8   파이롤러를 통과시킨다. 처음에는 잘 늘어나지 않으므로 한 번에 전부 통과시키지 말고, 일단 절
    반 정도만 넣었다가 다시 뺀 다음, 반죽을 180도 돌려서 나머지 절반을 늘인다.

9   같은 방식으로 반죽을 여러 번 파이롤러에 통과시킨다. 반죽이 잘 늘어나게 되면 다이얼로 두께
    를 조정하고, 반죽을 천천히 8mm 두께까지 늘인다.

10

11

12

10 가능한 한 가장자리가 잘 맞도록 세 겹 접기를 한다.

11 반죽을 90도 돌린 다음, 접어서 겹쳐진 반죽의 가장자리가 잘 맞도록 옆면을 밀대로 살짝 민다.

12 첫 번째 세 겹 접기가 끝난 반죽의 상태. 수십 분 동안 냉동고에 넣어 휴지한 다음, 두 번째, 세 번째 세 겹 접기도 실시한다. 그때마다 반죽을 90도씩 돌린다.

효모 레시피

레이즌종

재료 (만들기 쉬운 분량)

그린 레이즌 400g
미온수(40℃) 1500g
레이즌종 40g

1 그린 레이즌을 병에 담고 미온수와 레이즌종을 첨가한 다음, 상온에서 18시간 발효시킨다.

2 레이즌이 효모액 위로 떠오르고, 뿌옇게 흐려지면 맛을 본다. 직접적인 단맛만 느껴진다면 발효가 부족한 것이다. 싱거운 맛이 사라지고 와인 같은 풍미와 미약한 탄산이 생겨 나면 발효가 완료된 것이다. 냉장고에 보관한다.

1

2

1 재료를 전부 병에 넣고 뚜껑을 닫는다. 알코올 발효를 촉진하기 위해 밀봉한다.
2 상온에서도 몇 시간 정도가 지나면 발효가 시작된다. 가끔씩 뚜껑을 열어 공기를 교체한다.

홉종

재료 (만들기 쉬운 분량)

홉액※ 50g

그래뉼러당 7g

간 사과 15g

홉종 160g

쌀누룩 7g

감자 150g

미온수(40℃) 640g

※ 드라이홉 8g을 물 150g과 함께 끓인 다음, 페이퍼 타
월에 거른 것

1 감자는 삶아서 가는 체에 내린 다음 계량
한다.

2 1과 다른 재료를 병에 넣고, 상온에서 18
시간 발효시킨다.

3 맛을 본다. 싱거운 맛이 사라지고, 맥주처
럼 쏩쓸한 맛과 산미, 미약한 탄산이 발생
하면 발효가 완료되는 것이다. 냉장고에
보관한다.

1

2

3

1 홉을 물에 넣고 끓여 홉액을 만든다.

2 페이퍼 타월에 걸러 액체만 사용한다.

3 재료를 합쳐 병에 담고 발효시킨다.

사워종

재료 (만들기 쉬운 분량)

호밀가루 100g
미온수(40℃) 100g
사워종 200g

1 사워종에 호밀가루와 미온수를 넣고, 뭉
   치지 않게 젓는다.
2 오븐 옆 등 따뜻한 장소에서 몇 시간 동안
   발효시킨다.
3 생물의 부피가 증가하고 텁텁한 맛이 사

라져 알싸하지 않고 시원한 산미가 느껴
지면 발효가 완료된 것이다. 냉장고에 보
관한다.

※ 분량은 대략적인 기준일 뿐이다. 종의 상태가 좋지 않을 때
는 사워종의 비율을 줄이고, 새로 첨가하는 호밀가루와 미
온수의 비율을 늘려 '리프레시'할 때도 있다. 또 발효를 늦추
고 싶을 때는 수분을 줄이는 등 상황에 맞추어 조정한다.

※ 사워종은 수분을 적게 하는 편이 보존성이 뛰어나다. 천천
히 발효되기 때문에 편차도 적어진다. 물기를 늘리면 효모
가 활성화해서 발효도 빠르지만 맛의 편차가 크다. 그날의
효모 상태나 만들고 싶은 생물의 이미지에 따라 먹이로 주
는 호밀가루와 물의 비율을 조정하고 있다.

  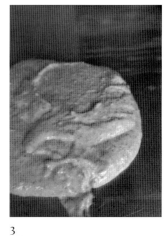

1   2   3

1   재료를 합쳐 실리콘 주걱으로 잘 섞는다.
2   오븐 옆 등 따뜻한 곳에서 발효시킨다.
3   팽 스톡에서 사용하는 사워종은 작업대에 쏟으면 걸쭉하게 퍼지는 농도다.

르방 리퀴드 레시피

레이즌종으로 만드는
르방 리퀴드(르방 리퀴드 R)

재 료 (만들기 쉬운 분량)

기타노카오리 1000g
물 1500g
레이즌종 40g

1　재료를 볼에 넣고 잘 섞는다.

2　상온에서 몇 시간 동안 발효시킨다.

3　작은 기포가 생기면 맛을 본다. 과일 같은
　　풍미가 생기기 시작하면 발효가 완료된
　　것이다. 다음 날 사용하기 전까지 냉장고
　　에 보관한다.

파네토네종으로 만드는 르방
리퀴드(르방 리퀴드 P)

재료 (만들기 쉬운 분량)

물레방아표 500g
물 500g
르방 리퀴드 P 100g

1 재료를 볼에 넣고 잘 섞는다.

2 상온에서 몇 시간 동안 발효시킨다.

3 작은 기포가 생기면 맛을 본다. 충분한 산
   미가 느껴지면 발효가 완료된 것이다. 다음
   날 사용하기 전까지 냉장고에 보관한다.

※이 르방 리퀴드는 맨 처음에는 시판용 파네토네종(오리엔
  탈효모)으로 만들었다. 그 다음부터는 원종을 리프레시하
  고 있기 때문에 파네토네종을 사용하지 않고 있지만, 지금
  도 우리 가게에서는 '파네종'이라 부르고 있다.

<u>1</u>

<u>2</u>

1   돌맷돌로 간 밀가루와 물은 기본적으로 1:1 비율로 넣지만, 수분이 많으면 발효가 빠르고 수분이
     적으면 발효가 느려지므로 그날그날 작업 상황에 따라 조정할 수 있다.

2   재료를 다 섞은 모습. 발효 후에는 가루가 더 이상 보이지 않고, 걸쭉하고 매끄러운 상태가 된다.

전분 레시피

⌐ 탕겔

재료 (만들기 쉬운 분량)

물레방아표 300g
미온수(40℃) 1500g

1 재료를 동냄비에 담아 약불에서 잘 저어
  가며 가열한다.

2 온도가 65℃가 되어 어느 정도 걸쭉해지
  면 완성이다. 냉장고에 보관한다.

※ 65℃ 정도를 유지해야 효소의 활성이 유지되기 쉽다. 65℃
  를 넘기지 않도록 주의하자.

1

2

3

1 수분 공급을 위해 미온수를 사용하면 가열 시간을 단축할 수 있다.

2 와라비모치(고사리 전분으로 만드는 투명한 떡)를 만들 때처럼 쉬지 않고 저으며 고르게 가열한다.

3 완성된 탕겔의 농도는 물처럼 흘러내리지 않고 약간 걸쭉하면서도 매끄럽다.

쌀겔

재 료 (만들기 쉬운 분량)

쌀가루 400g
미온수(40℃) 2400g

1 쌀가루와 미온수를 동냄비에 담아 강불
에서 잘 저어가며 가열한다.
2 온도가 65℃가 되어 어느 정도 걸쭉해지
면 완성이다. 냉장고에 보관한다.

 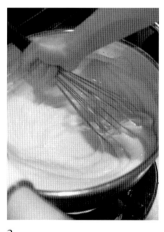 

1 2 3

1   쌀가루는 고아밀로오스의 점성이 낮은 '미즈호치카라'를 사용한다.
2   탕겔보다 부거운 반죽이므로 힘을 주어 바닥부터 섞는다.
3   완성된 쌀겔의 농도는 거품기로 떴을 때 잠시 뭉쳐 있다 떨어지는 정도다.

탕반죽

재료 (만들기 쉬운 분량)

밀가루 100g
뜨거운 물(100℃) 200g

1 밀가루를 볼에 넣고 뜨거운 물을 한 번에
부은 다음 실리콘 주걱으로 젓는다.

2 물기라 사라지면 완성이다. 냉장고에 보
관한다.

※ 밀가루 종류는 빵에 따라 다르다. 자세한 내용은 각각의 빵
재료를 참조하자.

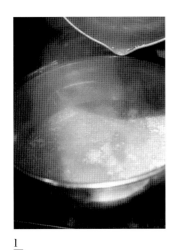

1

2

3

1   뜨거운 물을 밀가루에 한 번에 붓는다.

2   식기 전에 주걱으로 저어 전분을 알파화시킨다.

3   팥앙금처럼 되직한 페이스트 상태가 된다.

매시 포테이토

재료

- 감자 적당량
- 물 적당량

1   감자를 껍질을 벗기지 않은 채로 삶아 속까지 익힌다.

2   껍질을 벗긴 다음, 볼에 담아 으깬다.

3   감자 상태에 맞추어 물을 적당량 넣는다.

※ 감자와 물의 양은 반죽에 따라 달라진다. 자세한 내용은 '감자와 로즈마리를 넣은 르방'(P.155) 및 '손으로 반죽해서 만드는 감자 반죽'(P.158)을 참조한다.

칡 페이스트

재료 (만들기 쉬운 분량)

- 칡가루 30g
- 물 300g

1   칡가루와 물을 냄비에 넣고 중불에 올린다.

2   온도가 65℃가 되어 어느 정도 걸쭉해지면 완성이다. 냉장고에 보관한다. 믹싱 직전에 가는 체에 걸러 반죽에 첨가한다.

2019년 8월에 오픈한 신규점 '스톡' 공방에서 바라본 풍경. 항상 어둠이 거치기 전에 빵을 만들기 시작하는데, 작업을 하다 보면 어느 사이엔가 커다란 창을 통해 아침 햇살이 비추며 하루가 시작된다.

새로운
'스톡'

나는 앞으로도 계속 빵집 주인으로 살고 싶다.
이제 또 다른 도전이 시작된다.

2019년 여름, 2호점이 될 '스톡'이 오픈했다. 위치는 후쿠오카 최고의 상업 지역인 덴진의 한쪽 구석에 자리한 덴진중앙공원(天神中央公園) 근처다. 도심이지만 주변에 녹지가 많아 꽤 괜찮은 자리다.

새 점포를 낸 가장 큰 목적은 도전이었다. 하코자키에 위치한 '팽 스톡'은 감사하게도 계속 순조롭게 운영되고 있다. 하지만 이렇게 가게가 십 년 가까이 잘 돌아가니 점점 더 변화를 두려워하게 되었다. 십 년 전에는 하루하루가 도전의 연속이었는데, 어느 순간부터 그 자리에 계속 머무른 채 타성에 젖어 똑같은 일만 반복하고 있는 느낌이 들었다.

인간은 '지금이 최고'라 생각하기 시작하면 더 이상 노력이나 시행착오를 하지 않고, 아무 생각 없이 습관적으로 행동하게 되어 버린다. 그저 '지금 손에 쥐고 있는 것을 잃고 싶지 않은' 마음에 이런저런 것들에 둘러싸여 제자리에 멈춰 서 버린다.

왼쪽 위/공방의 레이아웃은 하코자키에 있는 1호점을 모방했다. 작업 중에 내가 서 있는 이치에서 매장의 모습을 살필 수 있다. 왼쪽/오랜 꿈이었던 독일 호이프트(Heuft) 사의 오븐을 도입했다. 오른쪽/일정 온도를 유지해 가열하고, 효모나 탕겔을 안정적으로 제조할 수 있는 'Isern Häger'도 새로 사용하기 시작했다. 위/아침은 '팽 스톡'이나 그 반죽을 사용한 르방류의 빵부터 진열대에 놓기 시작한다.

하지만 오히려 두려워해야 하는 것은 그렇게 차츰 해이해지는 것이 아닐까?

'좀 더 맛있는 빵을 만들고 싶다.'

'이 세상을 위해 무언가 내가 할 수 있는 일이 없을까?'

이런 갈망이 내게는 삶을 살아가는 원동력이 되고 있다. 그런데 그런 마음을 잃어버린다면 더 이상 살아갈 의미가 있을지 없을지 나 자신조차 알 수 없게 된다.

그래서 나는 내 가능성을 좀 더 넓힐 수 있을 만한 도전을 하고 싶었다. 새로운 가게를 오픈하면 또 다시 백지 상태에서 시작할 수밖에 없다. 지금 내 능력을 뛰어넘는 도전이기에 이제껏 보지 못한 새로운 나를 만날 수 있을지도 모른다.

그래서 2호점은 매장 인테리어부터 주방기기에까지 내가 앞으로 해 보고 싶은 일들의 토대가 응축되어 있다. 아직 하루하루 암중모색하는 나날을 보내며 많은 사람들에게 도움만 받고 있지만, 힘들어도 즐기면서 새로운 가게를 꾸려 나가는 데에 힘쓰고 있다.

2호점의 공방에는 큰 창이 있어 낮에는 빛이 가득 들어온다. 우리도 공원을 바라보며 일을 하지만, 반대로 창밖에서 우리 공방을 들여다보는 사람도 있다.

밀크브레드

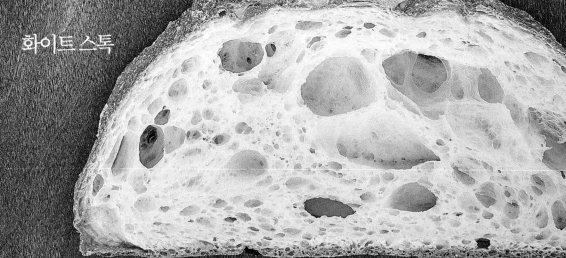

화이트 스톡

살살 녹는 식감과 달콤한 향.
모든 것이 기분 좋은 식빵의 최신형

마지막으로 새로운 가게에서 만들고 있는 빵의 레시피를 소개하려 한다. '화이트 스톡'과 '밀크브레드'는 똑같은 반죽을 성형을 달리해 만들고 있는 두 가지 빵이다.

이 반죽은 '우유의 풍미를 느낄 수 있는 부드러운 빵'을 만들려는 생각에서 출발했다. 반죽에 들어가는 재료의 풍미를 살리려면 글루텐을 가급적 줄여야 한다. 그래서 먼저 탕반죽을 첨가해 글루텐의 형성을 억제해 보았다. 하지만 우유의 부드러운 풍미를 잘 표현하려면 무겁지 않고 폭신폭신한 볼륨감이 필요했다. 식감은 부드럽고 빵이 입 안에서 살살 녹았으면 했다. 글루텐을 연화시키기 위해 홉종으로 pH를 낮추는 방법도 시도해 보았지만, 효모의 산미와 쓴맛이 우유의 풍미를 방해하는 느낌이 들었다. 이때 떠오른 것이 바로 달걀흰자였다. 달걀노른자는 넣지 않기 때문에 '달걀 맛'이 나지는 않는다. 달걀흰자가 맛에는 영향을 끼치지 않으면서도 식감을 폭신폭신하게 하고, 글루텐이 약해도 반죽을 뭉쳐 준다.

가다랑어 육수로 조림을 만들 때 마지막에 가다랑어포를 얹어 맛과 풍미를 더하는 것처럼, 믹싱의 마지막 단계에서 물 대신 우유를 첨가해 우유의 풍미를 강조하고 있다. 또 처음에는 단맛을 많이 넣지 않았지만, 조금 단 편이 우유의 부드러운 풍미를 강조해주는 것 같아서 지금은 사탕수수 설탕과 벌꿀, 연유 등으로 다양한 단맛을 첨가했다.

우유의 맛과 부드러운 식감을 최우선으로 하다 보니 보형력이 몹시 약한 반죽이 되었지만, 화이트 스톡이 틀을 사용하지 않고도 그 형태를 유지할 수 있는 것은 달걀흰자가 골격을 이루고 있기 때문이다. 또 밀크브레드를 만들 때는 전통적인 스타일의 틀을 모델로 특수 제작한 얇은 식빵 틀을 사용하고 있다. 옆면에 빗금을 넣어 크러스트의 강도를 높였기 때문에 약한 반죽만으로도 식빵의 형태를 유지할 수 있다.

얼핏 보기에는 특별할 것 없는 흰 빵이지만, 이 레시피에는 내가 이제껏 쌓아 온 지식과 기술이 응축되어 있다.

밀크브레드
화이트 스톡

재 료 (밀가루 12kg 분량)

유메무스비 6000g

하루요코이·하루키라리 블렌드 6000g

소금 180g

사탕수수 설탕 600g

이스트 3.2g

탕반죽

┌ 유메무스비 360g

└ 뜨거운 물(100℃) 720g

벌꿀 960g

연유 240g

무염 버터 2160g

우유 3000g

달걀흰자 1200g

물 4440g

첨가할 우유 3250g

완성된 반죽의 양=29113.2g

Process

Mixing 믹싱
첨가할 우유를 제외한 나머지 재료
↓→L6·ML9→첨가할 우유↓↓↓↓↓→L3→골
고루 섞이면 ML2~3
완성된 반죽의 온도 19~20℃

Rest 플로어 타임
상온에서 1시간

Stretch & Fold 펀치
펀치3(→P.292)

Bulk Fermentation 발효
18℃, 습도 70%, 하룻밤

Dividing 분할
화이트 스톡 350g
밀크브레드 700g

Preshpaing 둥글리기
밀크브레드 식빵 둥글리기2(→P.303)

Shaping 성형
화이트 스톡 나선형 반죽(spiral wedging)
밀크브레드 식빵 성형3(→P.319)

Final Rise 최종발효
화이트 스톡 상온에서 1시간
밀크브레드 상온에서 2시간

Slashing 칼집 내기
화이트 스톡 십자 ⊕

Baking 굽기
화이트 스톡 220℃ 25~30분
밀크브레드 220℃ 35~40분

글루텐의 형성을 최대한 억제해
재료가 지닌 본연의 맛을 끌어낸 식빵

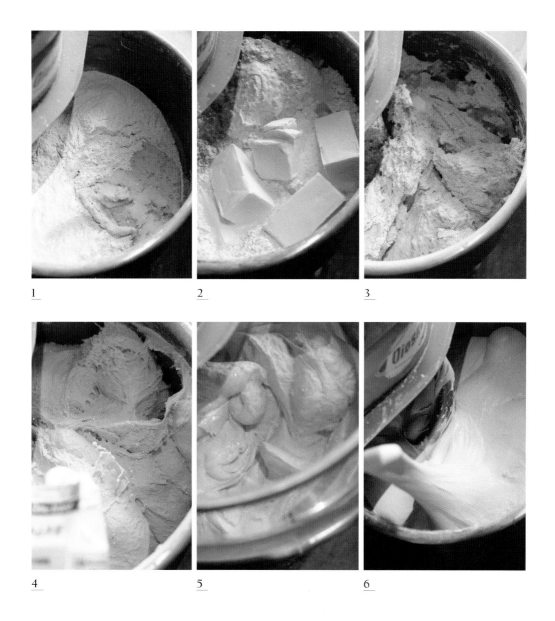

1

2

3

4

5

6

1-2   첨가할 우유를 제외한 나머지 재료를 믹서볼에 넣고 믹싱을 시작한다. 섞이기 시작한 반죽은 퍽 퍽하다.

4-6   글루텐이 형성되기 시작하면 4~5회에 걸쳐 우유를 첨가한다(4). 일단 한 번 풀린 반죽(5)이 다시 뭉치면 우유를 첨가한다. 모든 재료가 골고루 섞이면 회전 속도를 높여 오버 믹싱이 되기 직전까

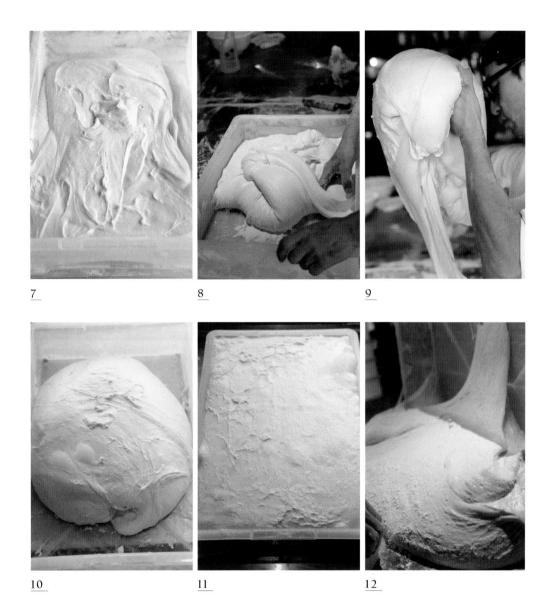

7   <u>7</u>   8   <u>8</u>   9   <u>9</u>

10 <u>10</u>   11 <u>11</u>   12 <u>12</u>

지 믹싱한다. 믹싱을 마친 반죽은 부드럽고 잘 늘어난다(6).

7-10   도우박스에 옮기면 반죽이 걸쭉하게 퍼진다(7). 발효 전에 부드러운 반죽용 펀치를 한다(8~9·자세한 내용은 P.292). 이음매가 없는 면이 위로 오게 놓고 발효에 들어간다(10).

12   발효를 마친 반죽은 두 배 정도 부푼다(11). 가급적 반죽에 자극이 가해지지 않도록 조심스럽게 작업대로 옮긴다(12).

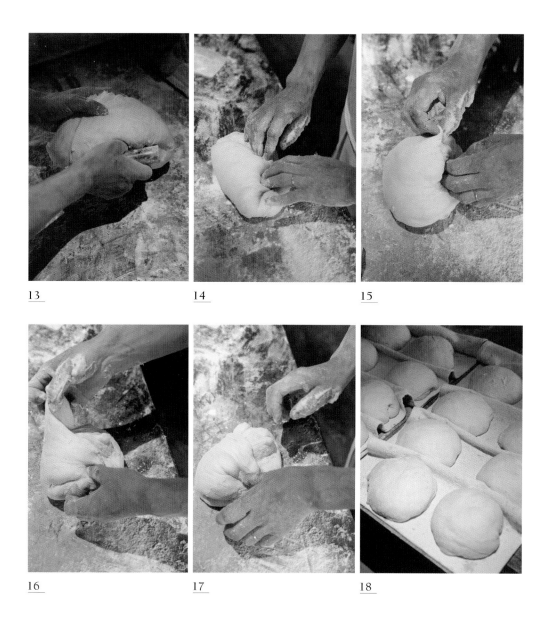

13   14   15

16   17   18

13   분할도 한 번에 정해진 양을 잘라 곧바로 성형한다.

14~10   화이트 스톡은 '나선형 반죽'을 하는 요령으로 성형한다. 먼저 위쪽에서 앞으로 여미고(14), 오른
               쪽에서 약 4분의 1씩 안쪽으로 접으며 반죽을 90도씩 돌린다. 한 바퀴를 다 돌 때까지 반복한다
               (15~17). 이음매가 바닥을 향하게 캔버스천 위에 놓는다(18). 최종발효를 마치고 나면 반죽이 1.3
               배 정도 부푼다(19). 칼집은 페티 나이프로 표면에 균등한 깊이로 낸다(20).

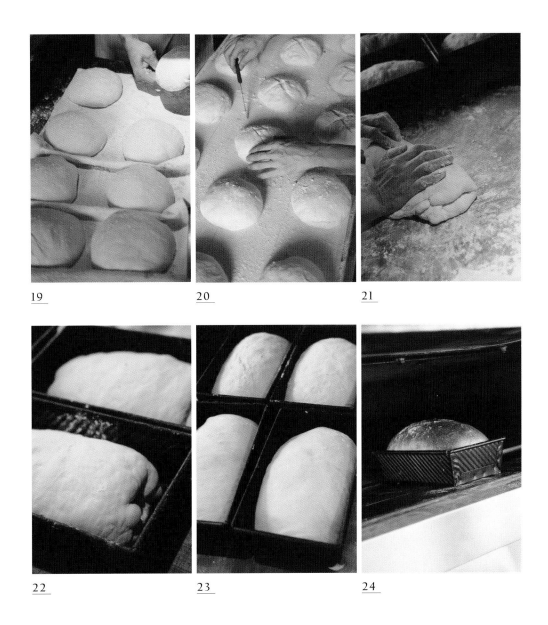

19　　　　20　　　　21

22　　　　23　　　　24

21-24　밀크브레드는 부드러운 반죽용 둥글리기·성형을 해서 틀에 담는다(21). 반죽은 최종발효(발효 전 22·발효 후 23)와 구운 후(24)에 각각 1.2배 정도 부푼다.

묵묵히,
성실히,
꾸준히

001. 밤과 세 가지 견과류와 화이트초콜릿 002. RINGO 003. 구마모토산 밤과 단바산 검은콩 004. KATSUO 005. GOBOU 006. 홍차와 사과 머핀 007. 감 버터 샌드008. 원목 재배 표고버섯(가을 수확)과 무농약 채소 샌드 009. 파래와 굴 010. 무농약 채소와 가을 과일 샌드 011. 치즈·치즈·치즈!012. 퀸 마롱 013. 바질 치즈 토마토 014. 사쿠라에비(벚꽃새우) 포카치아 with 치즈 015. 컨트리 호밀 브레드 016. 호밀 가토 쇼콜라 017. 무화과와 호두를 넣은 호밀 브레드018. 파래 포카치아 019. 사쿠라에비 포카치아 020. 유화 올리브오일 포카치아 021. 스파이스 포카치아 022. 허브 포카치아023. 원목 재배 표고버섯과 무농약 채소, 파래가 들어간 포카치아 샌드 024. 카레 푸가스 025. 무화과 버터 샌드 026. 포테이토 크라운 027. 파키스탄풍 카레빵028. 바나나 퀸아망029. 감과 무화과를 넣은 카시타 샌드030. 서양배와 블루치즈 파이 031. 우키하의 분실물(うきはの落としモノ, '우키하'는 후쿠오카 현 남동부에 위치한 시 -역자)032. 감 브리오슈 타르트 033. 가다랑어포 육수와 콩비지와 톳을 넣은 빵034. 에수프레소 크림 샌드 035. 옥수수빵으로 만든 크로크무슈036. 산장 스타일의 진저 포크 샌드037. GOBOU Ⅱ 038. 고구마, 밤, 단호박을 넣은 호밀빵039. 그뤼예르 치즈, 토마토, 바질 040. 오이모상(고구마빵, 오이모상은 '고구마 씨라는 뜻으로, 고구모 모양을 한 어느 빵의 상품명이기도 하다 -역자)041. 카다멈 향이 풍기는 크림빵042. 아마존 카카오와 화이트초콜릿이 들어간 쿠키043. 호지차와 밤이 들어간 르방044. 크림치즈와 화이트초콜릿 045. 크림치즈와 화이트초콜릿과 시나몬 슈가 046. 말차와 검은콩 브리오슈047. 진저 애플 허니 048. 캐러멜 커스터드 바나나 049. 밀리터리 브리오슈050, 단호박 몽블랑 051. 재패니즈 샌드 052. 곶감과 금귤과 크림치즈 053. 명란 치즈 054. 명란 포테이토 베이컨 055. 블랙커런트 크림치즈 056. 라즈베리 크림치즈 057. 쇼콜라 바난 058. 팥 도너츠 059. 카다멈 레이즌 식빵 060. 호두와 레이즌, 시나몬과 버터 061. 크랜베리와 프룬, 카다멈과 버터 062. 양파와 해바라기씨와 치즈를 넣은 호밀빵 063. 히가시 씨의 로노이 캄파뉴064. 초콜릿과 감을 넣은 브리오슈 065. 덴푸라 차즈케 빵 066. 앙팡 르방067. 파와 시금치와 구운 가지 샌드 068. 우마미빵 069. 금귤 루즈070. 베이컨 허브 에피 071. 레트로 호밀 바게트 072. 와(和) 트위스트073. 감과 팥 앙금 브리오슈 074. 매운 마파가지 샌드 075. 어묵 김 튀김빵 076. 레장 치즈 077. KAKI078. 데세르 샌드 079. 패션프루트 크림 멜론빵 080. 블랙 카프레제 081. 그린·그린·그린 082. 시트론 초코크림 083. 호밀 75084. 커피 너트 다망드 085. 유자 크림 다망드 086. 아망디네 스타일의 크림빵 087. 스팸 달걀 베이글 샌드 088. 소금 캐러멜 버터 샌드 089. 생강 치즈 090. 참마 푸가스 091. 패션 베리 092. 비프스튜 타르틴 093. 사쿠라에비와 쑥갓 포카치아 094. OH! TSUMAMI 095. 리예트 샌드 096. 마롱 파이 097. 멘치 098. 히가시 씨의 유기농 밀과 보리로 만든 바게트 099. 레트로 메밀 바게트 100. 쫄깃쫄깃 베이글

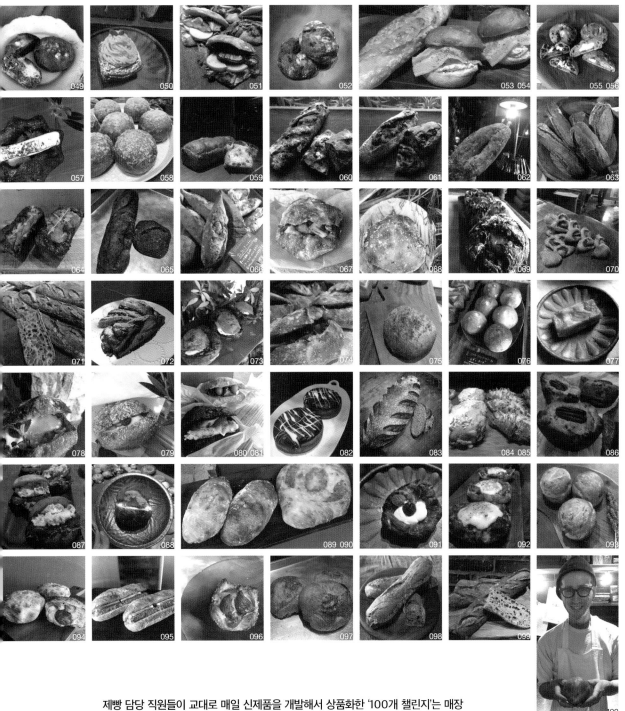

제빵 담당 직원들이 교대로 매일 신제품을 개발해서 상품화한 '100개 챌린지'는 매장
과 인스타그램에서 모두 좋은 반응을 얻은 기획이었다.
2019년 11월 14일에 시작해 12월 5일에 100개를 달성했다.

자세한 내용은 인스타그램 pain_stock에

꼬리말

마지막까지 이 책을 읽어 주셔서 감사합니다.

이 책은 제가 팽 스톡에 바친 십 년의 세월이 응축된 책입니다.

저는 빵밖에 만들지 못하는 사람입니다. 하지만 이렇게 오직 빵만을 바라보며 사는 삶에 만족하고 있습니다.

평생 무언가 하나라도 이루는 것이 있으면 충분하다고 생각하며 삽니다.

하지만 오직 하나, 빵의 세계를 들여다보기 위해서는 아직도 더 배워야 할 것들이 많이 있습니다.

발효 과정에 대해 생각하다 보면 자연스레 발효를 일으키는 미생물이나 효소 등에 대해 알고 싶어지고, 그밖에도 밀가루나 농산물 더 나아가 환경이나 자연에까지 생각이 미칩니다.

빵이라는 미시적인 분야에 대해 고민하기 시작하면 자연스레 생각이 더 거시적인 분야로까지 이어집니다. 고작 빵을 만드는 일조차 이렇게 다른 세상과 연결되어 있습니다.

함께 일하던 동료들도 하나둘씩 독립해 일본 전역에서 자신만의 빵을 만들어 나가고 있습니다. 빵을 계기로 먹을거리에 대한 저의 생각을 공유하는 친구들이 늘어나고, 그 결과 세상이 조금이라도 더 나은 방향으로 나아갈 수 있다면 좋겠습니다. 그것이 제가 팽 스톡 빵집을 계속 운영해 나가는 의의라 생각합니다.

2020년 4월

히라야마 데쓰오